우리 아이 마음챙김

내면을 단단하고 유연하게 만드는

우리 아이 마음챙김

MINDFULNESS

정하나 지음

프롤로그

"저는 어차피 해봤자 안 돼요."

"학교는 재미없는 곳이에요."

"친구도, 선생님도, 아무도 저를 좋아해주지 않아요."

옹알이를 하던 아이의 고운 입술에서 이처럼 자신과 세상에 대한 차가운 말들이 쏟아질 때, 부모의 마음은 혼돈으로 가득하게 될 것입니다. 도대체 무엇이 우리 아이의 마음을 이토록 차갑게, 그리고 궁핍하게 만든 것일까 걱정하면서 말이지요. 그래서일까요? 많은 어른들이 아이들의 마음의 결핍을 채워주고자 수많은 것들을 넘치게 주고 있습니다. 재미있는 영상, 흥미로운 놀잇감, 신나는 자극들… 그러나 그럼에도 불구하고 아이들은 학업이나 친구, 학교생활에서 겪는 작은 실패와 갈등, 사건들에 "지루해. 재미있는 게 없어", "더 강한, 더 신나는 자극이 필요해", "더는 못 참겠어", "더 이상 버틸 수 없어"라고 말하며, 작은 불편감조차 견디지 못하고 이전보다 더 많이 아파하고 있습니다.

오늘날 아이들은 수많은 지식, 화려한 기술과 도구를 얻을 수 있게 되었습니다. 그러나 아이들의 마음은 그런 외형만큼 꽉 차 있지 못하고 건강하지도 못한 것 같습니다. 그래서 때때로 원인 모를 슬픔, 분노, 좌절감이 찾아올 때마다 어찌할지 몰라 몸부림치듯 싸우거나, 힘든 마음으로부터 달아나기 위해 핸드폰, SNS, 게임 속으로 도망가면서 자신에게 찾아온 힘겨움을 모른 척하며 살게 되었습니다. 이제 우리는 더 이상 지체하지 말고 아이들의 마음을 보다 단단하게 채워주기 위한 배움의 여정을 시작해야 합니다.

2013년 여름, 마음챙김 명상을 처음 만난 그해는 저에게 잊지 못할 시간이었습니다. 면역계 질환을 앓으며 박사논문을 쓰느라 몸과 마음이 지쳐 있던 저에게 '애쓰지 않고, 자신을 돌보는 삶'의 가치를 깨닫게 해준 시간이었기 때문이었지요. 그렇게 저는 마음챙김 명상과 사랑에 빠졌습니다. 난임으로 인한 길고 잦은 시험관 시술과 실패, 일에 대한 '잘해야 한다'는 압박감에 사로잡혀 있던 저는, 마음챙김 명상을 통해 그러한 힘겨움에서 도망가는 것이 아닌, 그것들을 마주하며 견디는 방법을 배워나가면서 조금씩 힘을 얻게 되었습니다.

그렇게 마음의 근력을 키우고 있던 때에 소중한 아이를 품에 안게 되었습니다. 그리고 아이가 커 갈수록, 아이러니하게도 저는 이전의 '애쓰지 않고 스스로를 돌보는 삶'에서 점점 멀어지고, 아이를 위한다는 명목으로 '성공을 위해 애쓰는 삶'을 살게 되었습니다. 차마 오랫동안 아이와 부모들의 심리치료사로 일해왔다는 사실을 그 어디에도 말할 수 없을 정도로 부모로서의 제 삶은 스스로를 돌보지 않는, 고군분투 그 자체였습니다.

시간이 흘러 아이가 3살이 되던 무렵의 어느 날, 저는 아이에게 복숭아를 깎아주다가 상처가 나고 짓무른 부분은 제 입속에, 예쁘고 맛있어 보이는 부분은 아이 입에 넣어주고 있는 제 모습을 자각하게 되었습니다. 아무리 아이를 돌보는 일이 힘겨웠다 하지만, 그럼에도 불구하고 여전히 아이에게 가장 좋은 것을 주고 싶어 하는 제 안의 귀한 마음을 발견한 것입니다. 그때부터 다시 고민하게 되었습니다. '내가 아이에게 줄 수 있는 가장 좋은 것은 무엇일까?' 하고 말이지요.

그리 풍족하지 못한 저는 아이에게 화려하고 좋은 집도, 비싼 장난감도, 사교육도 해줄 수 없었습니다. 제 삶에서 얻은 가장 좋은 것, 유일하게 빛나는 것은 '나 자신이 아파할 때 고요히 그 마음 바라보기', '나 자신이 힘겨워할 때, 그러한 나와 함께하기', '나 자신을 있는 그대로 바라보기' 등 '나 자신과 건강한 관계를 맺는 방법'과 '단단하고, 유연한 마음'뿐이었습니다. 그때부터 아이에게 좋은 부모 이전에 먼저 좋은 어른으로 존재하고 싶다는 마음으로 다시금 마음챙김 명상 수행을 꾸준히 실천하였습니다. 동시에 우리 아이의 삶에도 마음챙김이 녹아들 수 있도록 도와주고 싶다는 간절한 꿈을 꾸게 되었습니다.

이 책은 저처럼 부모로서, 상담자로서, 교육자로서, 또 아이들을 돌보는 이로서, 우리의 아이들이 자신과 타인에게 조금은 너그러워지기를 바라는 모든 어른들을 위한 책입니다.

또한 아이들이,

'친구들과 자신을 비교하며 스스로를 부족한 사람이라 여길 때',

'이방인처럼 혼자 고립되어 쓸쓸함, 소외감, 외로움과 싸우고 있을 때',

'작은 갈등과 문제에도 쉬이 마음이 요동쳐 괴로울 때',

'분노, 짜증이라는 내면의 악당과의 싸움에서 늘 져서 본래의 고운 모습을 잃어갈 때',

'자신의 있는 그대로의 모습을 사랑하지 못해 늘 다른 사람의 인정에 배고파할 때',

'자신과 타인의 사소한 실수에 날 선 말을 내뱉어버릴 때'

이밖에 살아가며 마주하게 될 수많은 한계와 갈등의 모든 때에 아이가 자신의 결함이나 문제를 탓하고 스스로에게 가혹해지기보다는, 먼저 상처받은 자신의 마음을 고요히 들여다보는 방법을 안내하고자 합니다.

이 책에서 소개하는 마음챙김은 아이들을 위한 것인 동시에, 어른들을 위한 것이기도 합니다. 아이들이 단단하고 건강한 마음을 가지고 자라길 바라는 만큼, 인생의 선배인 우리가 먼저 아이들에게 그러한 삶의 태도를 보여주어야 하기 때문입니다.

미래를 살아갈 아이들에게, 과거를 살아온 우리가 배워왔던 '타인과의 비교, 경쟁, 물질적 가치관'을 물려주는 과오를 범해서는 안 됩니다. 이제는 아이들에게 타인과의 연결감, 자신을 있는 그대로 사랑하고 자신의 고통과 친구가 되는 방법, 보이지 않는 사랑, 믿음, 신뢰, 용기, 배려와 같은 '정신적 가치관'을 몸소 보여주며 가르쳐주어야 합니다. 그렇기에 그저 이 책에 담긴 마음챙김의 의미와 다양한 마음챙김 명상 및 활동들이 그저 기술로 남지 않기를 바랍니다. 아이들에게 '온전한 주의, 고요한 마음, 수용과 환대, 연결감, 감사함' 등 삶을 풍성하게 해주는 가치와 태도들이 일상 속에 깊이 녹아들기를 바랍니다.

이 책에서 안내하는 마음챙김 명상과 활동들을 열린 마음으로 기꺼이 아이와 함께해 보기를 권합니다. 분명 어른의 의도와 계획대로 진행되지 않을 것입니다. 우리가 그러하듯, 아이들에게도 마음챙김은 낯선 것일 테니까요. 이때 중요한 것은 우리가 먼저 이 책의 한 글자 한 글자에 깊게 배어 있는 의미를 몸과 마음에 새겨서, 아이의 그 '낯설고 서툰 마음' 또한 너그러이 수용해주어야 한다는 것입니다. 아이의 반응이 조금은 엉뚱하거나 혼란스러울 수도 있습니다. 거부감을 보일지도 모르지요. 그러나 아이의 그러한 불편한 마음도 기꺼이 환영하고, 환대해주세요. 아이들에게 "너희가 불편함, 낯섦, 즐거움을 느끼는 그 모든 순간에 엄마, 아빠, 선생님, 어른인 우리가 함께 있단다"라고 말하며 마음을 전해주세요.

이제 막 아이들을 위한 마음챙김의 여정을 시작한 모든 분들의 나날이 보다 평온하기를, 보다 따뜻하기를 마음 깊이 바랍니다.

정하나

한국아동마음챙김연구소 소장

차례

07. 힘겨울 때 필요한 마음의 태도

08. 지혜로운 배움의 기술

♥ **일러두기**

QR코드가 있는 마음챙김 활동의 경우, 동영상을 재생해 들으면서 연습해 보세요. 전문가의 안내에 따라 부모와 아이가 함께, 혹은 각자 편안하게 마음챙김의 시간을 가질 수 있을 거예요.

Part 1

마음챙김 배우기 좋은 시기

01

아동기,
어른이 되어가는 첫 연습을 시작하다

아이가 태어납니다. 이제 아이는 생존을 위해 세상을 배워나가야 합니다. 태어난 지 얼마 안 된 아이는 누워서 천장을 통해 높은 세상을 배웁니다. 그리고 때가 되면 뒤집기를 합니다. 이제 아이는 땅을 마주하게 되면서 단단한 세상을 배우게 되지요. 아이는 앉고, 서고, 달리고, 뛰면서 점점 더 많은, 넓은 세상을 배워나가게 됩니다. 그렇게 조금씩 자라납니다.

아이들에게 있어 세상이 이렇듯 그저 만지고, 보고, 듣고 접하는 모든 것이라면 사는 것이 조금 더 쉬울지 모르겠어요. 그러나 안타깝게도 아이들에게 세상을 배우는 과정은 그리 쉽지만은 않습니다. 아이는 초등학교에 입학하게 되면서부터 더 복잡한 자극과 정보들을 접하게 되고, 세상은 더 이상 예전처럼 단계별로 천천히 배워나갈 수 있는 흥미로운 대상이 아니게 됩니다. 이때부터 세상은 아이에게 해야 할 것, 하지 말아야 할 것 등 수많은 것들을 요구하기 시작하지요.

아동기의 아이들은 주변 세상과 자극들을 접하면서 '공동체 안에서 함께 살아가기', '세상을 창조하며 살아가기'를 배우는 과정의 출발선에 서게 됩니다. 이때 아이들에게 가장 중요한 배움의 주제는 바로 '함께'입니다. 인간이라는 연약한 종種이 어떻게 밀림과 정글 속 무시무시한 존재들로부터 살아남아 번영할 수 있었는가에 대한 답은 '사회적 연결'에 있습니다. 우리 아이들은 어른이 되어가는 과정 중에 어린이집, 유치원, 학교, 학원, 동호회, 소모임 등을 통해 끊임없이 '사람들과의 연결'을 요구받게 됩니다. 아이들은 이 세상에서 살아남기 위해, 그리고 어른이 되어 공동체의 일원으로서 한 사람의 몫을 하며 살아가기 위해 '관계, 연결감, 공동체 의식'을 배워나가야 합니다.

그렇다면 어른이 되기 위해 배워야 하는 또 다른 역량은 무엇일까요? 바로 '세상을 창조하는 것'입니다. 이때 창조의 시작은 무無가 아닙니다. 이미 수없이 쌓여 있는, 선조들로부터 얻은 지식과 지혜들로부터 시작됩니다. 아이들은 이 시기에 세상에서 살아가기 위해 필요한 지식들을 열심히 탐색하고, 수집하고, 조작하고, 추론하며 배워나가게 됩니다. 우리는 이런 일련의 행위들을 '학습', '배움'이라고 부릅니다.

아동기의 아이들은 '더할 나위 없이 배우기 좋은 때'를 지나는 중입니다. 이 시기에 배움에 중요한 뇌의 전두엽과 두정엽의 발달이 활발해지면서, 수학, 과학, 한글, 외국어 등 인생을 살아가는 데 필요한 많은 학문과 정보를 다양하게 학습하고 종합적으로 습득하기에 최적의 때를 맞이하게 되지요. 특히 9-12세 무렵에 전두엽과 두정엽이 발달할수록 필요한 정보에 선택적으로 주의를 기울일 수 있는 주의집중력이 증가하게 되면서 배움에 적합한 뇌의 상태가 만들어집니다.

그렇다면 배움에 가장 적합한 뇌 발달을 겪고 있는 아동기 아이들에게 우리는 어떤 것을 가르쳐주어야 할까요? 어떻게, 그리고 무엇을 가르치고 보여주어야 아이들이 지혜로운 어른으로 성장할 수 있을까요? 어떻게 해야 아이들이 자신의 삶을 스스로 선택하고 책임질 수 있는 멋진 어른으로 성장할 수 있을까요?

아이들을 돌보는 이라면 위의 질문에 대한 답을 한번쯤 진지하게 고민해 보았을 것입니다. 아이를 위해 무엇을 가르쳐왔든 우리는 어른으로서 최선을 다했을 것입니다. 다만 한 가지 다시 한번 고민해봐야 할 것은, 우리가 너무나 쉽게 아이들에게 배움의 영역을 한정 짓고, 그것을 '애쓰며' 연마하도록 가르치지 않았나 하는 것입니다.

4차 산업혁명 너머의 시대를 살아갈 지금의 아이들은, 어른이 되었을 때 더 이상 정답이 하나인 세상에 살고 있지 않을 것입니다. 지금보다 더욱 복잡하고 애매모호한 것들을 다루며 더 새롭고 창의적인 것들을 만들어 나갈 수 있어야 합니다. 또한 쉼 없이 급변하는 것들 가운데에서 자기만의 속도를 지키며 자주적인 삶을 살아가야 합니다. 과거에 '옳다'고 믿었던 것들은 더 이상 '옳지 않는 것'이 될 수 있으며, 과거에 정답이라 믿었던 것들은 더 이상 정답이 아닐지도 모릅니다. 그러니 끊임없이 지금 이 순간에 무엇이 옳고 그른지를, 그리고 무엇이 정답인지를 스스로 묻고 생각할 수 있어야 합니다. 그런데 아동기에 무언가를 배우는 데 있어 한정된 영역에서 한정된 답을 내리는 '기술Skill' 만 배우게 된다면 어떻게 될까요? 비유하자면 머리와 손의 기능이 좋은 어른으로 성장하게 될 것입니다. 다시 말해, 가슴은 텅 빈 채 머리와 손을 기계적으로 잘 다루는 사람이 되는 것이지요.

우리 사회는 더 이상 '기능'만 좋은 사람을 원하지 않습니다. 기능은 조금 부족할지언정, 남들보다 뛰어나지 않더라도 인간이라는 종種이, 인간으로서 살아갈 수 있었던 위대한 유산인

'사회적 연결감, 공감, 위로, 배려, 희생'과 같이, 보이지 않는 내면적 가치가 가슴에 새겨져 있는 사람을 환영하는 세상입니다.

그러니 이제 무언가를 배우기에 가장 좋은 시기를 지나고 있는 우리의 아이들에게 가르쳐주고 물려주어야 할 것은 '내가 무엇을 배우고 싶은지, 나는 무엇을 배울 때 행복한지, 배움을 위해 나 스스로 무엇을 할 수 있는지, 나뿐만 아니라 타인을 위해, 그리고 세상을 위해 가치 있는 일은 무엇인지'를 자기 스스로 묻고 대답하는 힘을 길러주는 일입니다.

02

변화, 실패, 혼돈에 의연한 아이로 키우는 힘

아이들은 일상 속에서 불안, 걱정, 슬픔, 트라우마와 같이 다양한 부정적 감정들과 문제들을 마주하게 됩니다. 우리는 이 모든 힘든 경험들을 아이들의 삶에서 완벽히 도려낼 수 없습니다. 다만 아이가 스스로를 돌보고 지지하는 방법을 안내해줄 수는 있습니다.

자신의 어린 시절을 한번 떠올려보세요. 즐겁고, 설레고 행복했던 장면과 함께 힘들고 괴로웠던 순간도 생각날 것입니다. 시간을 조금 뛰어넘어 청소년이었을 때, 또 성인이 되어 직장을 다니고 결혼을 하고 부모가 된 순간들도 천천히 떠올려봅니다.

이 모든 삶의 순간순간, 우리는 아마도 견디기 힘든 슬픔과 불안, 걱정으로 가득 차 있고 고통스러웠던 감정 또한 함께 떠올리게 될 것입니다. 그러니 우리는 아이에게 그저 행복, 감사, 설렘, 유쾌함 등의 감정만 느끼게 해주려 할 것이 아니라, 슬픔, 걱정, 불안, 두려움, 분노, 억울함, 좌절감 등의 감정 또한 수용하고 이를 지혜롭게 다루는 법을 가르쳐야 합니다. 삶의 마지막 순간까지 그 누구도 이러한 힘겨운 감정들을 피해 갈 수는 없으니까요.

하지만 모든 감정을 온전히 수용하는 건강한 마음가짐을 가르치기란 말처럼 쉬운 일이 아닙니다. 현대 사회는 아이들에게 힘겨운 마음이 찾아왔을 때 빠르고 쉽게 도망칠 수 있는 다양한 환경을 제공합니다. SNS, 달콤한 음식들, 게임… 소위 말하는 '도파민 중독' 사회가 되어버렸습니다. 그렇기에 아이는 힘겨운 감정을 느낄 때, 그것을 마주하고 잠시 머물면서 지혜롭게 대처할 방법을 탐색하기보다는 그것으로부터 후다닥 도망쳐버리는 도망자가 되기 십상이지요. 혹은 부정적인 감정에 즉각적으로, 우리가 손쓸 새도 없이 공격적이고 충동적으로 대처하는 파이터Fighter가 되기도 합니다. 화가 나면 자신의 마음에 무엇이 찾아왔나 들여다 볼 겨를도 없이 소리를 지르고, 발을 쿵쾅거리고, 또 어떤 때는 책상을 주먹으로 내리치며 자신과 타인에게 상처가 되는 말을 무자비하게 쏟아내기도 합니다. 우리는 그 누구도 아이가 자신의 삶에서 '도망자'나 '파이터'가 되기를 원하지 않습니다. 그저 자신의 삶의 목적지를 향해 묵묵히 걸어가는, 평화로이 산책하는 이처럼 여유롭게 살아가기를 바랍니다.

그렇다면 아이들에게 무엇을 가르쳐주어야 할까요? 변화에 대한 두려움, 실패로 인한 좌절감, 고통, 혼돈과 같은 힘겨움을 두 팔 벌려 수용할 수 있는 마음, 자기 자신을 따뜻하게 안아주고 스스로에게 친절을 베푸는 마음을 가질 수 있도록 도와주어야 합니다. 자신과 타인에게 지혜롭고 상냥한 사람이 될 수 있도록 안내해주어야 합니다. 그것이 우리가 어른으로서 아이들에게 가르쳐주어야 했던, 지금이라도 가르쳐주어야 하는 삶의 태도입니다.

만약 이러한 태도로 살아갈 수 있다면 아이 인생의 다음 챕터는 '성장'으로 채워지게 될 것입니다. 성장은 아이가 새로운 것을 설레는 마음으로 배울 때, 성공과 성취의 희열을 느낄 때 발현됩니다. 하지만 동시에 낯선 것을 두려워할 때, 실패하고, 좌절하며, 무엇이 정답인지 알 수 없어 몇 날 며칠을 혼돈 속에서 헤매고 있을 때조차도 성장은 이루어집니다. 그래서 진정한 성장을 위해서는 시련 또한 묵묵히 견뎌내고 혼돈조차 의연하게 받아들일 줄 알아야 하는 것입니다.

우리는 아이들이 그저 성공을 좇는 사람이 아닌, 성공의 기쁨을 온전히 누리고 깊은 감사를 느낄 수 있는 사람이 되기를 바랍니다. 그러니 아이가 실패와 두려움에 압도되는 것이 아니라, 그러한 감정 또한 감내하며 다시 일어서서 새로이 도전할 수 있도록 도와주어야 합니다.

Part 2

단단하고 유연한 내면을 만드는 기술

03

여러분은 바쁜 일상 속 소중한 것들을 충분히 느끼며 살고 있나요? 놓치고 지나치는 것들은 없나요? 어느 날 문득, '작고 여렸던 갓난아이가 언제 이렇게 훌쩍 자라서 초등학생이 됐지?' 하고 느낀 적은 없나요? 어른이 되어 너무도 바쁘게 살다 보니 어느새 아이의 목소리가 조금 굵어지고, 콧잔등에 희미한 수염이 보이고, 보이지 않던 점이 생겨난 사실을 놓치고 살 때가 많습니다.

우리는 왜 이렇게 인생을 서둘러 살고 있을까요? 어쩌면 우리 안의 마음이 '행위 양식doing mode'에 익숙해져 있기 때문이 아닐까 싶습니다. 즉, 우리는 어떤 문제가 생기면 원인을 분석하고, 문제 해결 방법을 나열해서 가장 나은 선택지는 무엇인지 비교하고 결정 짓는 행동 방식에 익숙해져 있다는 것이지요. 어른인 우리가 아이의 문제를 빠르게 발견하고 이를 신속하게 해결해주어야 안전하게 지킬 수 있었을 테니까요. 그리고 그 덕분에 우리는 부모로서 아이에게 생기는 각종 어려움들을 해결해주는 해결사로서의 역할을 잘 해왔을 것입니다. 그러나 모든 일들이 그렇듯, 여기에는 반작용의 대가도 따릅니다. 표면적인 문제들을 처리하느라 아이의 눈동자를 지긋이 들여다보지 못하고, 아이가 느끼고 있을 고통에 함께 머물지 못합니다. 우리가 문제를 해결하려고 애쓰는 동안, 힘겨워하는 아이 곁에 그저 묵묵히 함께 있어 주는 동반자로서의 역할을 잃어왔습니다.

마음챙김mindfulness은 잠시 멈추어, 즐거움이든 고통이든 그것을 있는 그대로 관찰하고 수용하는 마음의 태도, 즉 '존재 양식being mode'을 말합니다. 찬찬히 생각해 보면, 어른인 우리도 슬플 때는 옆에서 해결책만 재잘재잘 떠드는 이성적인 친구보다, 살포시 안아주고 내 슬픔에 함께 공감해주는 따뜻한 친구를 원합니다. 마음챙김은 이렇듯 우리가 내적, 외적 세상에서 경험하게 되는 것들을(그것이 고통일지언정) 있는 그대로 환영하고 수용하는 마음의 태도를 말합니다. 중요한 것은 우리가 이러한 마음의 태도를 연습을 통해 배우고 기를 수 있다는 사실입니다. 매사추세츠대학교 의과대학에 스트레스 완화 클리닉을 세운 존 카밧진John Kabat-Zinn 박사는, 2011년 영국 〈왓킨스 리뷰Watkins Review〉지에서 발표한 '현존하는 인물 가운데 영적으로 가장 영향력 있는 100인' 중 한 명으로 선정된 분입니다. 존 카밧진 박사는 마음챙김에 대해 이렇게 말했습니다. "마음챙김은 개념, 좋은 생각 등이 아닌 존재의 방식으로, 현재 이 순간에 대해 아무 판단도 하지 않고 의도적으로 주의를 기울이는 것"이라고요.

아이들의 삶에서 예를 들어 보자면, 아이가 학교에서 어떻게 발표를 잘할 수 있을까, 친구를 사귀기 위해서는 어떤 기술을 써야 할까를 분석하는 것doing이 아니라, '내가 지금 발표 걱정을 하고 있구나, 친구를 사귀고 싶어 하는구나'라는 마음을 인식하고 있는 그대로 관찰하는 것being이 바로 마음챙김입니다. 발표를 잘하기 위해 고민하는 것이나, 노력하는 행위가 쓸모없다는 것이 절대 아닙니다. 그러한 방법과 기술을 열심히 배우고 갈고닦는 것 또한 삶에서 너무나 중요한 일입니다. 하지만 균형 잡힌 삶을 살기 위해서는 발표 기술을 배우는 시간만큼, 아이들이 자신의 내면을 고요히 바라볼 시간도 허용되어야 합니다. 그리고 이때 마음챙김이 아이들의 삶을 균형 있게 지탱해주는 역할을 합니다.

한번 상상해 보세요. 초등학교 입학식 날, 긴장되고 떨리지만 그 마음에 압도되지 않고 꿋꿋하게 서 있는 늠름한 아이의 모습을 말이지요. 그리고 선생님, 친구와의 관계에서 실패와 낙담을 경험하게 될 때도 그 상처를 수용하고 다시 도전하고 일어서는 아이, 다른 사람에게 친절하듯 자신에게도 친절을 베푸는 건강한 내면을 가진 아이의 모습을 말이지요. 이 모든 것들을 마음챙김을 통해 배울 수 있다면, 얼마나 행복할까요?

마음챙김에 대한 수많은 정의를 크게 두 가지로 정리해 보면, 첫째, 마음챙김은 '잠시 멈추어, 명확하게 보는 것'입니다. 아프리카 우화 중 한쪽 눈알을 잃어버린 하마의 이야기가 있습니다. 강을 건너가다 한쪽 눈알을 떨어뜨린 하마는 너무 놀란 나머지 우왕좌왕 강을 헤매며 잃어버린 눈알을 찾지만 그 어디에서도 발견하지 못합니다. 결국 너무 지친 하마가 잠시 멈추었을 때 자신이 휘저은 진흙이 강바닥에 가라앉으면서 맑아진 강물 바닥에서 눈알을 발견하게 되었다는 내용입니다. 마음챙김은 이처럼 아이에게 슬픔, 긴장, 두려움, 분노와 같은 감정이 찾아왔을 때 마구 날뛰지 않고 잠시 멈추는 힘을 선사합니다. 그리고 고요해진 마음을 통해 '내가 무엇을 할 수 있을까? 무엇을 어떻게 해야 할까?'와 같이 명료한 질문을 스스로에게 던질 수 있도록 도와줍니다.

둘째, 마음챙김과 친절은 새의 양 날개와 같습니다. 새가 날기 위해서는 양쪽의 날개가 모두 필요하듯, 아이의 마음에도 '있는 그대로 보기'와 '친절과 사랑'이라는 두 가지 마음이 모두 필요합니다. 그렇기에 마음챙김은 아이가 자신을 돌보기 위한 삶의 기술이기도 하지만, 나아가 주변 친구들과 학교, 선생님, 그리고 세상을 편견 없이 있는 그대로 바라보고, 친절과 사랑을 베풀 줄 아는 선한 마음의 태도를 갖기 위해 필요한 가장 무해하고 중요한 교육이기도 합니다.

마음챙김은 아이들이 지금보다 더욱 행복하고, 건강한 삶을 만드는 데 필요한 내면의 보편적 자질을 인식하고 키우는 데 도움이 됩니다. 이제부터 우리 아이들 각자가 지닌 그 내면의 자질을 어떻게 발전시킬 수 있는지 구체적인 방법을 안내해 보겠습니다.

04

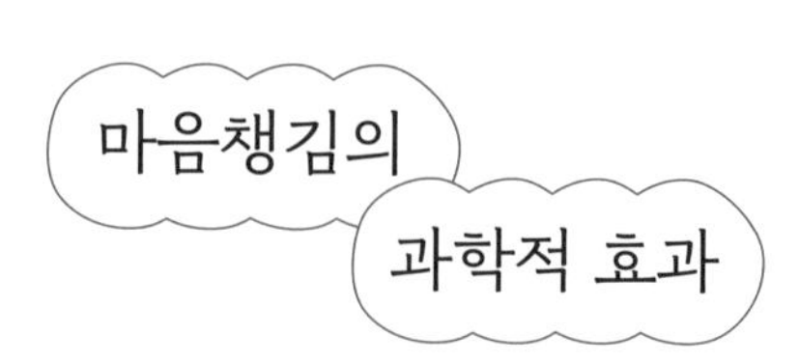

지난 10년 간 마음챙김이 아이들의 삶에 어떠한 영향을 주는지 살펴보고자 다양한 연구와 과학적 검증이 이루어져 왔습니다. 실제로 마음챙김의 심리적 효과는 이미 오래전부터 잘 알려져 있지만, 최근 과학적 연구 결과들을 통해 그 원리와 기제가 조금 더 명확하게 설명되고 있습니다.

뇌의 근력 키우기

최근 10년 동안 진행된 연구들에 따르면, 뇌도 신체와 마찬가지로 규칙적인 훈련을 통해 모양, 크기를 변화시킬 수 있다고 합니다. 신경가소성neuroplasticity 연구에 의하면, 뇌도 마치 근육처럼 행동과 생각에 따라 변화하고 성장할 수 있다는 것입니다. 같은 원리로 마음챙김을 지속적으로 연습하면 아이들의 뇌가 새로운 신경회로와 그물망을 만들면서 더 활성화되고 성장하게 됩니다.

마음챙김을 통해 변화할 수 있는 뇌의 영역 중 하나로 '전전두엽 피질'이 있습니다. 이 영역은 집중, 기억, 예측, 판단, 계획, 통제, 조직화 등과 같은 '실행 기능'을 담당합니다. 전전두엽 피질의 활성화는 아이들이 보다 합리적 의사결정을 하고, 학습의 기본이 되는 인지적 능력을 기르는 데 기초가 되기 때문에 매우 중요하지요.

또 마음챙김을 통해 변화되는 뇌의 영역 중에 '측두두정접합' 영역이 있습니다. 우리가 흔히 하는 표현 중에 '나무를 보지 말고 숲을 보라'는 말이 있는데, 이처럼 상황이나 사건을 멀리 거시적으로 보고 판단하는 능력, 다른 사람의 관점을 파악하는 능력, 당장 이 순간이 아닌 추후에 벌어질 일들과 결과를 고려하는 능력 등이 모두 이 측두두정접합 부분과 관련되어 있습니다. 아동기에 들어선 아이들은 이제 감정에 휩쓸려 행동하지 않고, 잠시 멈추어 생각과 행동을 통제(전전두엽 피질)하는 방법을 배워야 합니다. 동시에 사건의 전후 맥락, 친구의 입장이나 관점, 이후 일어날 일들의 결과를 함께 고려(측두두정접합)해서 판단할 수 있어야 합니다. 이때 이 모든 뇌의 변화와 발달에 마음챙김이 큰 영향을 미친다는 것이 많은 연구 결과를 통해 밝혀지고 있습니다. 또한 체육관에 가서 운동을 하듯, 지속적이고 반복적으로 뇌의 이 부분을 사용할 때 부위가 점점 더 넓어지고 활성화되는 것으로 나타났습니다.

지속적인 마음챙김 훈련의 또 다른 긍정적 영향으로는 바로 뇌의 '편도체' 변화를 들 수 있습니다. 어른이든 아이든 스트레스를 받게 되면 생존하기 위한 본능으로 '투쟁-도피fight-flight' 반응을 보이게 됩니다. 예를 들어 길을 가는데 모르는 사람이 다짜고짜 나를 향해 소리를 지르면, 우리는 그 상황을 위험으로 감지하여 '투쟁', 즉 나도 소리를 지르며 싸우거나, '도피', 부리나케 도망가는 반응을 보이게 됩니다. 여기서 이 상황을 위험으로 감지하는 역할을 하는 뇌의 부분이 바로 편도체입니다. 이때 편도체가 과도하게 활성화되면 사방에서 벌어지는 모든 일들을 위험으로 감지하게 되면서 오히려 제대로 생각하고 판단하는 일이 힘들어집니다. 시험지를 들고 오는 선생님, 길을 물어보는 어른, 다가오는 운동회… 아이들이 자신에게 일어나는 모든 일들을 위협 상황으로 감지하게 된다면, 선생님의 따뜻한 목소리, 길을 묻는 어른의 미소, 운동회의 설렘을 느끼지 못하게 되겠지요. 그렇기 때문에 편도체가 진정되면 스트레스 상황에서 과도한 방어를 하지 않게 되면서 합리적이고 이성적으로 판단하고 행동할 수 있게 됩니다. 이때 마음챙김은 편도체의 활성화를 적절히 둔화시킴으로써 아이들의 마음을 더욱 편안하고 차분하게 만들어주는 역할을 합니다.

마음챙김이 뇌 발달에 미치는 영향

- 전전두엽 피질의 증가
- 측두두정접합의 증가
- 편도체 활성화의 둔화

아이들을 대상으로 하는 마음챙김 훈련은 누군가에게는 생소할 수 있지만, 미국과 영국의 학교에서는 몇 해 전부터 정식 교육 프로그램으로 자리 잡고 있습니다. 미국 초중고등학교에서는 교사와 학생을 대상으로 각각 마음챙김 훈련이 진행 중이며, 대표적으로 'SQP Still and Quiet Place', 'L2B Learning to BREATHE', 'MindUp' 등과 같은 프로그램이 있습니다. 또 영국의 경우, 2009년 설립된 비영리자선단체 'MiSP Mindfulness in School Project'의 주도하에 학교 안에서 마음챙김 프로그램이 활발하게 시행되고 있습니다. 특히 영국은 영국의회 차원에서 '마음챙김 이니셔티브 Mindfulness Initiative'라는 정책연구소를 설립하여 학교의 마음챙김 교육에 대한 지원에 온 힘을 쏟고 있습니다. 마음챙김이 단순히 아이들의 마음 건강에 도움이 되는 것 뿐만 아니라 이 시기의 중요한 학문적 발달과 학교생활 적응에도 긍정적인 영향을 미친다고 판단했기 때문입니다.

실제 마음챙김을 경험한 아이들, 특히 학령기에 있는 아이들은 집중력과 기억력 증진 효과를 나타냈습니다. 이는 마음챙김을 통해 전전두엽 피질이 변화하면서 '실행 기능'의 증진, 특히 집중력, 기억력, 억제력, 계획력 등이 향상되기 때문인 것으로 밝혀졌습니다. 이러한 집중력, 기억력은 학습에 있어서 매우 중요하고 기초가 되는 인지적 능력이기에 마음챙김을 반복적으로 수행한 아이들은 학습 능력 또한 향상된다는 연구 결과가 있습니다.

전전두엽 피질보다 더 안쪽에 자리한 뇌섬엽 부분 역시 마음챙김을 수행할 때 더 활성화되는 것으로 나타났습니다. 이 영역은 자기인식, 감정 인식과 조절, 사고와 감정의 통합에 도움을 주는 곳입니다. 그렇기에 마음챙김은 아이들이 자신과 주변 환경에 대한 넓은 자각 능력을 증진시키는 데 도움을 주게 되는 것이지요. 또한 뇌의 해마는 기억, 학습을 관장하는 중요한 부위로써 과거에 내가 배운 것을 상기시키게 만드는데, 전전두엽 피질로부터 얻은 정보를 가지고 어떤 좋은 행동을 해야 하는지 선택하는 데 도움이 됩니다. 이때 마음챙김은 해마의 크기와 기능을 더욱 증가시키는 데 효과적임이 밝혀졌습니다. 그렇기에 학교생활에서 행해야 하는 규칙이나 규범을 잘 기억하고, 교실 내 선한 행동을 시도하는 데 도움을 주지요. 마음챙김은 이렇듯 아이들의 교과 학습 능력뿐만 아니라 배움에 기초적인 학습 태도와 역량을 기르는 일에도 기여합니다.

마음챙김이 학습에 미치는 영향

- 집중력 및 작업 기억력의 강화
- 학습 능력 향상
- 창의력 증진
- 자각 능력 향상

마음의 근력 키우기

우리가 길을 건너는데 누군가 갑자기 나를 멈춰 세운 후 고함을 지른다고 상상해 보세요. 누군가는 두렵고 누군가는 화가 날 것입니다. 중요한 것은 이러한 사건 자체는 우리가 통제할 수 없지만, 그 순간 마음에 찾아드는 두려움, 화라는 감정에 어떻게 대처해야 하는지는 아이들에게 가르쳐줄 수 있다는 사실입니다. 먼저 그 순간의 감정에 집중하여 그것이 무엇인지 선명하게 알아차려야 합니다. 그리고 그 감정에 이름을 붙이는 순간, 부정적인 감정 상태에서 훨씬 빠르게 벗어날 수 있습니다. 다시 말해 아이 마음에 불편한 감정이 일어났다 할지라도 그것을 알아차리고 이름을 붙일 때, 그 감정에 휩싸이거나 압도되지 않는 힘을 기르게 됩니다. 그러고 나서 아이가 스스로에게 도움이 되는, 자신을 안정시킬 수 있는 건강하고 긍정적인 대처 방법을 알고 실천할 수 있다면 더 좋을 것입니다. 실제로 다양한 연구를 통해 마음챙김은 아이들의 정서 건강에도 도움이 되는 것으로 밝혀졌습니다.

마음챙김을 지속적으로 연습한 아이들은 스트레스, 우울과 불안은 감소되는 반면, 자아존중감과 회복탄력성은 향상되는 것으로 보고되었습니다. 그런데 이러한 스트레스, 우울, 불안의 감소를 위해서는 먼저 아이들이 스스로 자신의 우울, 불안과 같은 감정을 인식하는 과정이 필요합니다. 마음챙김의 핵심은 바로 '알아차림, 자각'입니다. 그렇기에 마음챙김을 경험한 아이들은 자신의 내면에서 일어나는 정서가 힘겹고 불편한 것일지라도 이를 스스로 인식하고, 조절할 수 있게 됩니다.

특히 어린아이에서 이제 막 학생이 된 아동기 아이들은 처음으로 과제나 시험이라는 과업이 주어졌을 때 긴장감, 불안감, 초조감을 느끼게 됩니다. 그런데 마음챙김은 이러한 불안의 수준을 감소시킴으로써 전반적으로 아이들의 학업 성취에 긍정적인 영향을 미칩니다. 마음챙김을 통해 편도체 활성화가 둔화된 아이들은 더 이상 작은 실패나 사건을 위험신호로 감지하지 않기에, 더 많은 것들을 조망하고 객관적으로 상황을 판단할 수 있게 됩니다.

마음챙김이 정서 발달에 미치는 영향

- 정서 인식과 자기조절 능력의 증진
- 우울과 불안의 감소
- 정서지능과 회복탄력성의 향상

몸의 근력 키우기

어른들과 마찬가지로 아이들 역시 스트레스를 받으면 몸에서 많은 증상들이 나타납니다. 우리 몸은 스트레스를 경험하게 되면 코르티솔의 수치를 높이게 되고, 이때 해마의 기능을 저해하면서 집중력, 지각 능력, 기억력, 학습 능력 등을 떨어뜨립니다. 학교와 학원 등에서의 새로운 경험과 학습을 통해 더 많은 것들을 기억하고 배워나가야 하는 아이들에게 있어 스트레스는 수행 능력이나 학습 능력에 나쁜 영향을 미치게 됩니다. 그리고 이렇게 낮아진 수행 능력은 결국 더 많은 스트레스를 유발하게 되면서 아이들의 숙면을 방해하고, 잘못된 식습관, 나쁜 생활

습관을 부추기게 되면서 신체적, 감정적 부담을 가중시켜 아이들의 뇌, 마음, 몸의 건강을 악화시키는 부정적인 도미노 효과를 가져옵니다.

그런데 만약 우리 아이들이 일상의 스트레스에 대처하는 방법을 배우고, 건강한 정신과 신체를 기를 수 있는 방법을 알게 된다면 어떤 일이 벌어질까요? 스트레스가 유발되는 상황에서 마음챙김을 통해 내면의 고요함에 머물면서, 신체적 이완을 경험하게 되고, 나아가 스트레스 호르몬인 코르티솔 수치는 감소될 것입니다. 결국 마음챙김은 아이들의 마음을 편안하게 함으로써 면역력 강화, 혈압의 감소와 같은 신체 건강에도 긍정적인 영향을 미치고 있음이 과학적으로 증명되었습니다.

마음챙김이 신체 건강에 미치는 영향

- 스트레스 반응도 감소
- 면역력의 강화
- 혈압 감소
- 차분함, 이완의 증진

관계의 근력 키우기

아이들에게 있어 마음챙김이 가져다주는 또 다른 이점은 바로 사회정서적 역량의 증진입니다. 사회적 인식social awareness이란, 다양한 배경과 문화를 가진 다른 사람에 대한 관점과 공감, 행동에 대한 사회적, 윤리적 규범을 이해하고 가족, 학교, 지역사회의 자원과 지원을 인식하는 능력을 말합니다. 마음챙김은 아이들로 하여금 자신의 내면세계뿐만 아니라, 주변 친구와 선생님, 나아가 학교, 지역사회, 세상에 대해 비판단적인 마음의 태도를 갖도록 해줍니다. 나와 다른 누군가와 세상에 대해 쉽게 재단하거나 판단하지 않고, 있는 그대로 이해하려는 마음은 아이들이 타인에 대한 공감과 친절을 베푸는 일에 있어 필요한, 가장 기본이 되는 가치이지요.

21세기를 살아가는 아이들에게 요구되는 능력 중 하나는 관계 기술relationship skills과 책임 있는 의사결정responsible and decision-making입니다. 관계 기술 능력을 통해 아이들은 다양한 개인 또는 집단과 건강한 관계를 구축하고 유지하게 됩니다. 나아가 다른 사람들의 의견을 적극적으로 경청하고, 명확하게 의사소통하며 사람들과 협력하면서 부적절한 외부 압력에는 건강하게 저항하고, 갈등은 건설적인 협상을 통해 해결하고, 필요할 때 도움을 요청하거나 베푸는 행동과 같은 능력이 포함됩니다. 그리고 책임 있는 의사결정 능력에는, 우리가 함께 살아가는 데 필요한 윤리적 기준, 안전 및 사회 관계에 대한 규범, 다양한 행동의 결과를 현실적으로 평가하는 것이나, 자신과 타인의 행복을 고려하여 선택하는 능력이 포함됩니다. 우리 아이들은 학교나 학원에서, 친구들, 선생님, 부모님들과의 무리 속에서 이러한 기술들을 끊임없이 행하도록 요구받습니다. 그렇기에 비판단적이며 타인의 말을 경청하고, 사려 깊은 대화를 하며 갈등을 평화적으로 관리하는 마음의 태도를 증진시키기 위한 마음챙김을 습관화해야 합니다. 특히 학교에서 지켜야 할, 그리고 하지 말아야 할 행동을 판단하고 규제하는 능력에도 도움이 되기에 일각에서는 마음챙김을 21세기를 살아가는 데 필요한 '인성character 역량'이라고 부르기도 합니다.

이처럼 마음챙김은 아이들의 심리적, 사회적 관계에 많은 이점을 선사하기에 '사회정서 인성 역량'으로 불리기도 하지만, 사실 이 개념만으로는 그 효능을 모두 설명할 수 없습니다. 마음챙김은 아이들의 삶에 반드시 필요한 '행복, 존재감, 통찰, 지혜, 평정' 등 다양한 요소들을 포함하고 있기에 아이들의 성장을 돕는 귀한 내적 자원이라고 할 수 있습니다.

마음챙김으로 아이들이 얻을 수 있는 내면의 자원들

자기인식(Self-awareness), 자기관리(Self-management),

자기조절(Self-regulation), 자아실현(Self-actualization),

성찰(Reflection), 양심(Consciousness),

연민(Compassion), 감사(Gratitude), 공감(Empathy),

보살핌(Caring), 성장(Growth), 비전(Vision),

통찰(Insight), 평정(Equanimity), 행복(Happiness),

존재(Presence), 진정성(Authenticity),

공유(Sharing), 상호연결성(Interconnectedness),

상호의존성(Interdependence), 일체감(Oneness),

수용(Acceptance), 아름다움(Beauty), 민감성(Sensibility),

인내(Patience), 평온(Tranquility), 균형(Balance),

사회적 인식(Social awareness), 지혜(Wisdom)

05

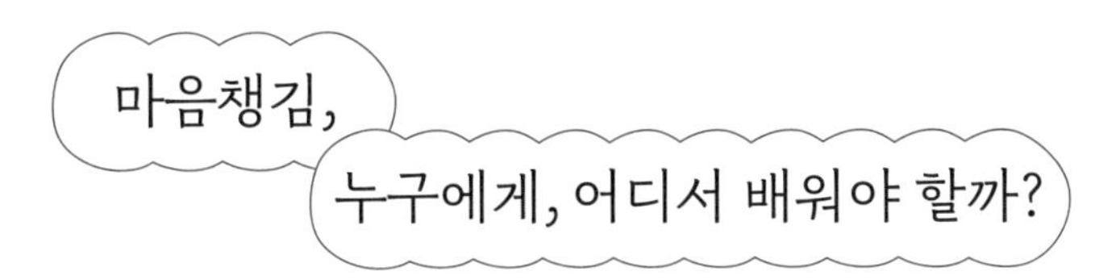

마음챙김은 누구에게 도움이 되나요?

2016년에 출간된 도서 《클라우스 슈밥의 제4차 산업혁명》에 따르면, 4차 산업혁명 이후의 사회에 성공적으로 적응하기 위해서는 맥락지능, 정서지능, 신체지능, 창의적 영감지능이 필요합니다. 이때 이것은 단순한 '지능intelligence'을 뜻하지 않습니다. 사실 지능으로만 이야기하자면, 지금의 아이들이 성인이 되어 살아갈 세상에서는 인공지능을 도저히 이길 수 없을 것입니다. 즉, 여기서 말하는 지능은, 지능을 지성intellect으로, 그리고 그 지성을 지혜wisdom로 발전시키는 능력을 말합니다. 그런데 이러한 지혜로 향하는 길에 앞서 말한 마음챙김의 이점, 과학적 효과가 적용되고 있습니다. 더 중요한 것은 지속적으로 마음챙김을 배우는 일은 '지금-이 순간'을 살아가는 9살 도헌, 10살 예빈이, 11살 찬이뿐만 아니라 30살의 도헌이, 43살의 예빈이, 51살의 찬이까지 변화시킨다는 사실입니다. 마음챙김은 아이의 미래를 변화시키는 삶의 좋은 씨앗으로써 모든 아이들에게 좋은 내적 자원이 될 수 있습니다.

앞서 말한 4가지 지능을 하나씩 살펴보겠습니다. 먼저 **맥락지능**이란 너와 나 사이 관계의 의미를 이해하고, 서로가 서로에게 어떤 영향을 미치는지 그려볼 수 있는 시스템적 사고를 할 수 있는 지능을 말합니다. 즉, 하나의 변화는 다른 변화를 일으키고 세상 모든 것들이 연결되어 있음을 아는 것입니다. 지금 대한민국에서 살아가는 아이들에게 가 본 적도, 겪어 본 적도 없는 다른 나라의 지진, 전쟁에 대해 알려주어야 하는 이유는 무엇일까요? 또 수도꼭지만 틀면 물이 펑펑 쏟아지는 곳에 살면서 왜 아이들에게 물, 전기 등을 아껴 써야 하는지 가르쳐야 할까요? 아이들에게 그저 물과 전기를 아껴 쓰고, 모르는 누군가를 향해 친절을 베풀고 도움을 주어야 하는 것을 '규칙'으로써 가르치는 것은 더 이상 효과가 없습니다. 맥락지능, 즉 맥락적 사유지능의 측면에서 보면, 살아 있는 모든 것들은 연결되어 있기에 내가 있는 곳에서 행하는 작은 선한 행동 하나가 결국

저 멀리 전쟁과 지진으로 힘겨워하는 다른 친구에게 영향을 미칠 수 있다는 사실을 깊이 있게 이해할 수 있습니다. 이러한 이해는 선한 실천으로 이어지고, 그 실천이 겹겹이 쌓이면 아이들의 배움의 깊이와 넓이는 더욱 확장되겠지요. 그렇기에 마음챙김은 이렇게 맥락적 사유지능의 향상을 바라는 모든 아이들에게 도움이 될 수 있습니다.

또 지금의 아이들에게 가장 필요한 것은 무엇일까요? 바로 **정서지능**입니다. 정서지능은 특히 코로나 팬데믹과 같이 인류가 전혀 예상치 못한 어려움을 경험했을 때, 서로의 아픔과 고통에 공감하고 서로 도우면서 기꺼이 팔을 걷어붙이게 하는 힘을 발휘합니다. 만약, 사람에게 이러한 정서적 지능이 발달되지 못했다면 어떻게 되었을까요? 아마 인류는 지금까지 존재하지 못했을 겁니다. 이렇듯 정서적 지능은 아이들로 하여금 교실에 문제가 발생하거나 친구와의 갈등이 생겼을 때 적극적으로 도움을 주는 사람으로 성장할 수 있도록 해줄 것입니다. 또한 울고 있는 아이나 도움이 필요한 동물을 발견했을 때, 곁에 다가가 도와주고 위로해주려는 따뜻한 아이로 클 수 있도록 해줄 것입니다.

이번에는 우리 아이들의 중요한 역할 중 하나인 '학생'으로서의 삶을 살펴봅시다. 먼저 학업 성적 향상을 위해 아이들에게 가장 필요한 것은 무엇일까요? 아마도 대부분의 사람들이 집중력, 기억력과 같은 정신적 능력을 떠올리겠지만, 실제로 학습 능력은 **신체지능**과 매우 밀접하게 관련되어 있습니다. 아이들이 스트레스를 받으면 어떤가요? '엄마 배가 아파요, 선생님 머리 아파요'라고 하면서 몸의 불편함을 호소합니다. 실제로 집중력을 높이기 위한 가장 필수적인 조건은 신체의 건강입니다. 그중에서도 더욱 중요한 것은 바로 신체 이완입니다. 몸의 이완이 잘되는 아이들은 집중력을 발휘하기가 훨씬 쉬워집니다.

더불어 우리 아이들의 마음 건강에 중요한 능력으로는 회복탄력성을 말할 수 있습니다. 몸과 마음을 너무 혹사시켜서 다 소진되었을 때에는 바로 원상태로 돌아가기가 힘들어지는데, 그것을 잘 조율해주는 지능이 바로 신체적 지능입니다. 그래서 자신의 몸의 감각에 주의를 기울이고 알아차리는 능력이 반드시 필요합니다. 마음챙김을 통해 아이들은 자신의 몸의 감각에 주의를 기울이고, 그 감각을 있는 그대로 느끼며 수용하는 연습을 하게 되지요. 그렇기에 편안한 몸, 명료한 주의력을 통해 학습 능력을 향상시키고자 하는 아이들에게 마음챙김은 꼭 가져야 할 삶의 도구라고 말할 수 있습니다.

마지막으로 과거가 아닌, 현재, 그리고 미래를 살게 될 아이들에게 필요한 지능으로는 창의적 **영감지능**이 있습니다. 혁

신, 창의력이 미래 사회의 아이들에게 꼭 필요하다고들 이야기 하지만, 이것은 대체 어떻게 배우는 것일까요? 사실 창의성은 독자적으로 발달하는 능력이 아닙니다. 통찰, 친절, 몰입이 종합적으로 이루어질 때 인간 뇌의 각기 다른 부분들이 통합되어서 마치 흰 도화지 위에 영감이 솟아오르듯 발현되는 것입니다. 각기 다른 뇌의 영역, 몸, 마음의 영역들이 모두 통합되면서 발휘되는 것이지요. 그러니 창의력을 발달시키기 위해서는 몸의 편안함, 마음의 고요함, 뇌의 명료함이 모두 필요합니다.

아이들에게 마음챙김은 '지금-여기'에서 있는 그대로 자신의 몸과 마음을 바라보고, 따뜻하게 주위를 두루 살필 수 있는 넓은 관점을 갖도록 해줍니다. 그리고 이것을 바탕으로 명료한 앎, 지혜로 살아가는 방법을 안내해줍니다. 무엇보다 마음챙김은 지금 10살의 지훈이뿐만 아니라 마흔이 된 지훈이에게 주는 선물과도 같다는 것을 기억해주세요. 지금 10살 지훈이가 받은 이 작은 선물 하나는, 현재는 물론 마흔이 된 미래의 지훈이까지 단단하게 지켜줄 것입니다.

마음챙김은 언제, 어디에서 배울 수 있나요?

마음챙김은 언제, 어디에서 배울 수 있을까요? 바로 '지금-여기' 입니다. 지금 아이가 앉아 있는 교실에서도, 식탁 앞에서도, 친구와 함께 뛰노는 놀이터에서도, 양치질을 하고 숙제를 하는 모든 순간과 장소에서 마음챙김을 배울 수 있습니다.

마음챙김은 지금 이 순간, 아이가 스스로에게 "내가 무엇을 경험하고 있지?" 하고 호기심 어린 마음으로 묻는 것으로부터 시작됩니다. 아이가 양치질을 할 때, "지금 입안의 온도는 어떻지? 시원한가? 조금 매운가? 지금 혀와 치아의 느낌은 어떻지?"라고 스스로에게 묻고 답해 보면서 자신의 내적 경험을 탐험가처럼 즐거이 탐색하는 것이 마음챙김입니다. 그렇기에 아이들의 삶에서, 일상에서 행하는 모든 것들로 행할 수 있습니다. 하루 3-5분 사이 짧은 마음챙김을 연습하는 사람들의 경우, 전반적인 안녕감에 긍정적인 효과가 있다는 연구 결과가 있습니다. 그러니 아이들이 일상에서 마음챙김을 실천하도록 돕는 것이 필요합니다.

UCLA 의학대학 임상학 교수이자 마인드사이트연구소 소장인 대니얼 시겔Daniel Siegel은, "우리가 매일 이를 닦으며 치아를 깨끗하게 하듯, 마음챙김은 뇌를 깨끗하게 하는 방법이다.

마음챙김을 할 때 뇌의 시냅스 연결은 깨끗해지고 강화된다"라고 말했습니다. 우리는 양치질을 하기 위해 산이나 바다로 떠나지 않습니다. 그저 칫솔과 치약, 약간의 물만 있다면 어디서든 언제든 할 수 있지요. 마음챙김 역시 배우기 위해 산으로, 바다로, 혹은 특별한 교육기관으로 갈 필요가 없습니다. 양치질과 같은 일상 속 작은 행위들 속에서 "지금 나는 무엇을 경험하고 있나?"와 같이 스스로의 내면에 질문하고 답할 수만 있다면, 그 모든 곳이 마음챙김을 배우기 가장 적합한 곳입니다. 그리고 그 간단한 마음챙김의 실천은 앞서 언급했듯 우리의 뇌를 청소하고, 연결을 강화해주기에 아이들이 쉽게 실천할 수 있는 가장 건강한 뇌 발달 비법이라고도 말할 수 있습니다.

그렇다면 아이들의 일상이 펼쳐지는 학교에서는 어떻게 마음챙김을 실천할 수 있을까요? 친구들의 재잘거리는 소리, 선생님의 따뜻한 음성, 창문으로 들어오는 햇살, 운동장에서 느껴지는 북적거림… 학교는 아이들이 사회적으로, 정서적으로, 인지적으로 많은 정보를 접하고 느끼며 성장하는 곳입니다. 그렇기에 마음챙김을 경험할 수 있는 안전한 환경을 제공하는 것이 무엇보다 중요합니다. 특히 학교 교실은 마음챙김을 하는 데 적합한 장소 중 하나입니다. 교실 안에서 아이들은 노래를 부르고, 청소를 하고, 급식을 먹고, 친구들과 대화를 나누고, 글을 읽고 쓰는 등 수많은 활동을 하며 자신과 타인을 인식하게 됩니다. 이때, 아이가 '나는 종이접기를 잘 못해', '저 친구는 말을 너무 못해'라며 쉽게 판단내리기보다 자신과 타인에 대한 무한한 가능성을 수용할 수 있다면 좋겠지요. 때때로 아이가 '과연 지금 이 순간의 나는 무엇을 경험하고 있을까? 종이접기를 하는 동안 손에서 종이의 무게가 어떻게 느껴지지? 이럴 수가~ 작은 종이 하나가 접을 때마다 이렇게 다양한 모습으로 바뀔 수 있다니' 등의 감정을 경험하게 된다면 짧은 종이접기 시간이 조금은 더 즐거워질 수 있겠지요. 또 '저 친구는 말을 할 때 어떤 표정일까? 저 친구가 말을 하는 동안 내 마음이 어떻게 변하고 있지?'와 같은 마음으로 친구를 바라본다면, 친구에 대한 편견과 선입견, 미움 또한 잠시 내려놓고 있는 그대로의 모습을 바라봐 줄 수 있는 힘을 키워 갈 수 있을 것입니다. 이렇듯 마음챙김은 기술이자 삶의 태도이기에 아이들이 대부분의 시간을 보내는 학교라는 공간에서 충분히 실천할 수 있도록 안내해주는 것이 필요합니다.

아이들의 일상이 펼쳐지며 동시에 성장에 큰 영향력을 발휘하는 또 다른 장소는 바로 가정입니다. 가정은 아이들이 자기 내면의 세계를 이해하고 자신이 진정 어떤 사람인지를 발견하는 곳입니다. 혹시 학교, 학원, 다른 사람들 앞에서는 차마 하지 못했던 말이나 행동을 집에서는 스스럼없이 하는 아이들을 본 적이 있나요? 다른 사람들 앞에서는 꾹 참아왔던 눈물을 집에 도착하자마자 펑 터트리며 우는 아이를 본 적은 없나요? 집은 가장 민낯의, 가장 솔직하고 진솔한 자신의 모습을 발견할 수 있는 곳입니다. 그렇기에 아이들이 솔직하게 드러낸 모습이 부모에게 어떻게 수용되는지가 중요합니다. 애써서 노력하고, 멋지게 꾸며낸 학교에서의 모습은 선생님과 친구들로부터 환영받고 수용되기 비교적 쉬울 것입니다. 하지만 말썽꾸러기에 제멋대로인 집에서의 모습이 부모에게조차 받아들여지지 못한다면, 아이들은 '진짜인 나'란 사람이 거절당하는 것으로 여기게 됩니다. 꾸며진 가짜 모습은 받아들여지지만 진짜인 나는 거절당하는 아이러니한 상황이 반복되면, 아이들은 어느새 '진짜 나'를 잃어버리고, 자신이 원하는 것을 제대로 알고 자신의 목소리를 내는 어른으로 성장하지 못하게 됩니다. 그런데 대부분의 가정이 이런 제약 속에서 아이를 키우고는 아이가 중학생, 고등학생, 성인이 되면 채근하듯 묻습니다. "어느 고등학교에 가고 싶니? 어떤 대학을 가고 싶니? 어떤 직업을 갖고 싶니? 커서 무슨 일을 하고 싶니? 결혼은 언제 할 거니? 네 생각은 어떠니?" 등등. 하지만 자신의 진짜 목소리를 듣고, 스스로에게 질문하고 대답하는 기회를 가져보지 못한 아이들은 이러한 갑작스런 질문과 선택, 결정을 너무나 어려워합니다. 그동안 진짜인 나는 늘 수용되지 못한 채 살아왔으니까요. 그렇기에 마음챙김은 일순간의 행복을 얻고자 하는 기술이나 묘행이 아닙니다. 먼 훗날 아이들이 어른이 되어 자신에 대해 깊은 질문을 던져야 할 때, 내면의 목소리를 듣기 위한 꾸준한 연습 과정과도 같습니다. 그리고 이러한 자기주도적인 사고와 행동이 지속적으로 이루어지기 위해서는 일상에서 힘을 빼고 가볍게, 하지만 꾸준히 연습하는 것이 필요합니다. 따라서 가정이 마음챙김의 가장 적합한 장소가 될 수 있겠지요.

책의 말미에 부모를 위한 마음챙김 양육을 안내하는 이유 역시 여기에 있습니다. 아이들에게 억지로 마음챙김을 가르치려 애쓰기보다, 부모가 스스로 마음챙김을 실천하는 모습을 보여주는 것이 가장 빠르고 안전한 방법이기 때문이지요. 부모가 스트레스와 감정을 인식하고 관리하는 방법을 아이들에게 보여주면서 수용적인 마음의 태도를 보여준다면, 그곳이 바로 아이들이 마음챙김을 배우는 장이 될 수 있습니다.

또한 가정 내 활동을 통해 마음챙김을 실천할 수도 있습니다. 함께 휴식을 취하거나, 자연 속에 있거나, 가족만의 시간을 즐기는 것도 아이들에게 안정감을 주는 일입니다. 함께 식사를 하고, 가볍게 산책을 하고, 누워서 재잘재잘 수다를 떠는 시간까지… 지금 이 순간의 감각과 감정에 주의를 기울이고, 아이와 부모가 서로의 행복과 평안을 바라는 마음을 서로에게 전한다면 그것이 바로 일상의 마음챙김입니다.

Part 3

마음챙김을 삶에 적용하는 방법

06

스트레스를 인지하는 첫 단서, 몸의 변화 알아차리기

단단한 마음을 배우는 데 왜 몸에 대해 아는 것이 먼저일까요? 왜 스트레스를 알아차리기 위한 첫 단서로 몸의 감각을 아는 것이 우선시되어야 할까요? 사실 생각해 보면, 아이든 어른이든 마음의 힘겨움이나 스트레스는 제일 먼저 몸으로 경험하게 되기 때문입니다. 슬플 때 눈물이 왈칵 쏟아지는 느낌, 걱정될 때 머리가 무거운 느낌, 화가 나면 얼굴에서 열이 나고 주먹에 힘이 들어가는 느낌 등 우리가 실제 어떤 감정을 느낀다고 자각하기 전에 더 빠르게 몸에 이와 같은 변화들이 나타나는 것입니다.

그렇기 때문에 아이들에게 행동을 조절하는 방법을 가르

쳐주기 전에 먼저 그 행동을 일으킨 감정을 조절하는 방법을 가르쳐주어야 하고, 그에 앞서 '아, 내가 방금 느낀 그 감정이 슬픔이구나, 화였구나'와 같이 감정을 인식하는 과정을 알려주어야 합니다. 아이들이 '울컥 눈물이 쏟아지려고 하는 걸 보니, 나에게 슬픔이 찾아왔구나', '얼굴에서 열이 나는구나. 주먹과 어깨에 힘이 들어갔네'와 같이 스스로 자기 몸의 변화와 감각을 인식하도록 가르쳐주어야 하는 것이죠. 이처럼 몸의 감각을 인식할 수 있어야 감정을 인식하고, 그래야만 감정과 행동을 조절할 수 있게 됩니다. 그런데 우리는 보통 아이들에게 이러한, 몸을 인식하는 방법부터 하나씩 단계적으로 가르쳐주기보다는 "욕하면 안 돼!", "그때는 또박또박 말로 해야지"와 같이 행동을 먼저 바꾸려고 하다 보니, 가르쳐주는 어른도 배우는 아이도 늘 실패할 수밖에 없었을 것입니다. 그렇다면, 어떻게 아이들이 몸의 감각을 알아차리도록 지도할 수 있을까요?

첫째, 몸에 주의를 기울입니다. 머리, 가슴, 배, 다리와 같이 신체 대상 하나하나에 스포트라이트 조명을 비추듯, 그 부위에 주의를 기울이도록 합니다. 그렇게 주의를 몸으로 가져간 후, 몸에서 느껴지는 감각을 하나하나 느끼고 알아차립니다.

둘째, 호기심 어린 마음으로, 있는 그대로를 경험합니다. 앞서 몸이라는 대상에 집중한다고 하면, 우리는 으레 두 주먹을 불끈 쥐고 몸에서 무슨 일이 일어나는지 살펴보는 긴장된 태도를 떠올리게 됩니다. 하지만 마음챙김은 긴장하고, 애쓰고, 훌륭히 잘 해내려는 마음의 태도가 아닙니다. 어린아이처럼 호기심 가득한 마음, 탐험가처럼 열린 마음으로 '지금 내 몸에서 어떤 일이 벌어지고 있지?'라고 따뜻하게 질문하는 것입니다. 그러다가 예를 들어 "배가 무겁다"라는 감각을 알아차린다면, 그 뒤에 아마 수많은 생각과 판단이 덧붙여질 수 있습니다. "아까 괜히 과자 먹어서 그래. 엄마가 과자 그만 먹으라고 했는데. 왜 자꾸 더 먹고 싶지. 아~ 우리 엄마는 진짜 잔소리가 많네…"와 같이 말이지요. 이것은 너무나 당연한 아이들 마음의 작동 방식입니다. 생각은 마치 날뛰는 원숭이와 같아서 이 생각, 저 생각이 마구 돌아다니기 마련입니다. 이때, 마음챙김은 이러한 날뛰는 원숭이 같은 생각을 하지 않으려고 애쓰는 것이 아님을 기억하세요. 마음챙김의 핵심은 집중을 유지하는 것이 아니라, 집중했던 원래의 대상으로 마음을 되돌리는 일입니다. 그저 아이의 마음이 흐트러질 때 "아, 내가 원숭이를 따라가고 있었구나. 이제 다시 내 마음을, 주의를 배로 가져가 볼까?" 하고 부드럽게 말을 건네면 됩니다.

셋째, 천천히 그리고 부드럽게 호흡하세요. 실제 아이들의 신체적, 정신적 건강에 매우 유익한 동시에 가장 무해한 연습 방법은 바로 '호흡'입니다. 부드럽고 깊은 호흡을 할 때 산만하게 날뛰는 원숭이를 잠재울 수 있을 뿐더러 스트레스로 긴장되고 딱딱해진 몸도 부드럽게 이완시킬 수 있습니다. 만약 아이가 스트레스로 인해 다양한 신체적 증상을 호소하거나, 늘 긴장된 상태의 몸을 경험하고 있다면 함께 앉아 깊은 호흡을 해보세요. 아이의 폐를 따뜻함으로 채운다고 상상하며 깊이 숨을 들이마시고, 잠시 멈춘 후 아이의 온몸에 남아 있는 긴장감을 내보낸다고 상상하며 부드럽게 숨을 내쉬도록 안내해주세요.

오른쪽에 아이와 함께해 볼 수 있는 마음챙김 스크립트가 있으니, 부모 혹은 어른의 목소리로 읽어주면서 아이가 자신의 몸에 자연스럽게 주의를 기울일 수 있도록 도와주세요.

상냥한 바디 스캔

내가 가장 편안하다고 느끼는 자세를 취하고 부드럽게 눈을 감아보세요. 눕거나 앉아도 좋아요.

이제 호흡에 주의를 기울이면서 여러분의 몸이 자연스럽게 호흡하는 것에 주의를 기울여보세요. 호흡할 때마다 배가 부풀었다 가라앉는 것을 느껴보세요.

준비가 되었다면, 주의를 양발과 다리로 옮겨가 어떤 감각이 느껴지는지 관찰해 보세요. 찬 기운이 느껴지나요? 혹은 더운 기운이 느껴지나요?

매일 나를 이곳저곳으로 데리고 다니느라 수고가 많은 다리, 발목, 그리고 무릎에게 작은 친절 인사를 건네보세요.
"고마워" 하고 말을 건네도 좋아요.

이제 주의를 다리에서 몸 위쪽으로 옮겨보세요. 여러분의 배가 부풀었다 가라앉고, 또 폐가 확장하고 수축하는 것을 느껴보세요. 그 느낌이 어떠하든 있는 그대로 느끼고 환영해주세요.
또 잠시, 나의 몸이 하는 일들에 대해 충분히 감사하는 마음을 가져보세요.

이번에는 심장이 뛰는 것을 느껴보세요.
얼마나 빠르게 뛰는지, 그리고 무게가 어떻게 느껴지는지 호기심을 갖고 집중해 보세요. 그리고 심장이 하는 모든 일들을 떠올리며 충분히 감사한 마음을 전해 보세요.

만일 지금 이 순간 내 마음속 원숭이가 이리저리 돌아다녀 다른 생각들이 떠오른다면, 조심스럽게 여러분의 몸으로 주의, 호기심을 다시 가져오면 됩니다.

이제 양팔, 손, 손가락에 주의를 집중하며

내가 만지고, 잡고, 만들고, 다른 사람과 연결될 수 있도록 해주는 팔, 손, 손가락에 "고마워" 하고 친절한 마음을 전해 보세요.

만약 내 몸을 관찰할 때 쓰림, 따가움, 두통과 같은 통증이나 아픔을 발견한다면 그 부위에 친절과 다정한 마음을 보내주세요. 아픔을 느끼는 부위에 잠시 손을 대고 부드럽게 어루만져 주어도 좋아요.

이제 마지막으로 내 머리에 주의를 기울여보세요. 머리뼈의 무게를 느끼고 그것이 뇌를 보호하는 데 얼마나 중요한 역할을 하는지 떠올려보세요. 그리고 여러분의 눈, 입, 턱 주위의 근육에도 주의를 기울여보세요.
각 부위 근육의 긴장을 풀고 편안함을 느껴보세요.

마지막으로 내가 살고 있는 이 놀라운 몸에 대해 친절과 감사의 마음을 느껴보세요.
내가 안전하고 건강할 수 있도록 열심히 일하는 이 몸에게 고마움을 표현해 보세요.

♥ 살며시 눈을 떠보세요. 이제 (보호자와 함께) 그림을 그려보며 여러분의 몸 어느 부위에서 어떤 감각이 느껴졌는지 자유롭게 표현해 보세요. 또 여러분의 신체 중 가장 편안함을 느끼는 부위에는 웃는 얼굴 등 원하는 모양으로 표현해 보세요. 여러분이 유독 고맙게 여기는 부위에는 좋아하는 모양을 그리거나 색을 칠해주세요. 아픔이나 통증으로 인해 친절과 사랑이 필요한 부위에는 밴드를 붙여주거나 위로와 격려의 말을 적어놓아도 좋아요.

'지금-여기'를 사는 행복한 아이

마음챙김이 우리 아이들에게 주는 긍정적인 영향 중 하나는 바로 아이들을 '지금-여기'에 머물도록 해준다는 것입니다. 아이들은 "그때 내가 왜 그랬을까" 하는 등의 과거를 생각하며 자책할 때가 많습니다. 동시에 "내일은 어떻게 해야 하나?"와 같은 걱정으로 미래에 머물기도 하지요. 해야 할 일이 많아진 요즘의 아이들은 지나버린 과거와 앞으로 벌어질, 혹은 벌어지지 않을 미래를 생각하느라 지금 자기 앞에 놓인 일에 집중하기가 힘듭니다. 애석하게도 지금-여기를 사는 행복을 즐기지 못하는 셈이지요. 그리고 이러한 습관은 결국 지금의 삶을 놓치는 아이로, 그러한 어른으로 성장하도록 만듭니다.

하지만 마음챙김은 아이들로 하여금 지금-여기에 살도록 돕습니다. 현재에 마음이 머물 때 아이들은 더 많은 것을 볼 수 있게 됩니다. 더 많은 것을 보게 되면, 마음에 균형이 잡히고 자신을 더 잘 조절하는 방법을 스스로 찾을 수 있게 됩니다. 중요한 것은 마음챙김은 이것을 아이들에게 "~해"라고 강요하지 않는다는 것입니다. 그저 하루에, 지금-여기에 머무를 수 있도록 도울 뿐입니다. 아이들의 삶에 마음챙김이 자연스럽게 자리하는 것이지 "지금-이 순간을 살기 위한 방법을 찾아봐!"라고 강요하지 않습니다. 다만 5분이든 10분이든 매일매일 마음챙김을 실천할 수 있다면 그것으로 충분합니다.

쉽게 실천할 수 있는 방법 중 하나는 하루 중 간단한 마음챙김의 시간을 만들어보는 것입니다. 등교를 위해 현관문을 여는 순간, 혹은 신발을 신을 때, 알람소리가 울릴 때, 수업 중 연필을 손에 쥘 때, 발표를 하려고 힘껏 팔을 들 때, 휴식시간과 점심시간을 알리는 종이 울릴 때, 선생님이 내 이름을 부를 때, 청소를 위해 책상을 옮길 때, 집에 가기 위해 가방을 어깨에 메는 순간 등 아이가 매일 하는 이러한 모든 일들이 마음챙김의 알림 종처럼 아이에게 "지금이 마음챙김을 해야 하는 순간이야" 하고 상기시켜 줄 수 있습니다.

마음챙김은 아이의 마음을 현재로 돌아오도록 도와주고, 그 순간 고요한 멈춤 속에서 자신에게 집중할 수 있게 해줍니다. "떠도는 마음은 행복하지 않다"라는 말이 있습니다. 과거와 미래로 아이의 마음이 흐트러질 때 스스로 마음을 다잡고 지금을 살 줄 아는 아이, 상상만해도 너무 멋지지 않나요? 중요한 것은 이 모든 것들이 상상에만 머물지 않도록, 아이의 삶에 마음챙김이 자연스럽게 자리 잡을 수 있도록 일상에서 마음챙김 시간을 만들어주어야 한다는 것입니다. 뒷장에 아이의 분주한 마음을 '지금-여기'의 집으로 초대하는 멋진 마음챙김 활동이 있습니다. 어른의 목소리로 안내문을 읽거나 동영상을 재생해 전문가의 안내를 받으면서 아이와 함께 '지금-여기'의 순간을 만끽하는 즐거움을 느껴보세요.

지금 여기 돌멩이

준비물: 돌멩이

우리의 몸과 마음을 차분하게 하고 집중력을 기르는 간단한 마음챙김 활동을 하나 소개하려고 해요. 하지만 그 전에 손바닥 크기의 작은 돌멩이 하나를 준비해주세요. 모양이나 색이 마음에 드는 돌멩이를 찾아오세요.

여러분은 평소 길을 걸을 때 돌멩이들을 자세히 들여다본 적이 있나요? 이번 마음챙김 활동에서는 우리의 감각을 활용해 돌멩이의 모든 부분을 탐구해 볼 거예요. 마치 이것을 처음 보는 것처럼 호기심 어린 마음으로, 탐정처럼 말이에요.

먼저 시각을 활용해 돌멩이에 주의를 기울여보세요.
돌멩이의 매끄러움, 들쭉날쭉한 모서리, 색깔, 무늬, 또는 다른 눈에 띄는 특성들을 호기심 어린 마음으로 관찰해 보세요.

이번에는 눈을 감고 촉감을 활용해 돌멩이를 탐색해 보세요.
우선, 손으로 돌멩이를 감싸고 꼭 쥐어보세요.
단단한가요 부드러운가요? 거친가요? 매끈한가요?
굴곡이 있나요? 아니면 동그랗거나 평평한가요?
돌멩이의 온도는 어떤가요? 따뜻한가요? 차가운가요?
그것이 어떤 느낌이든 그것을 있는 그대로 느껴보세요.

모든 감각을 활용해 돌멩이를 세심하게 관찰해 보세요.

♥ 여러분의 마음이 분주해지거나 고민과 걱정들로 가득 차 있을 때, 마음이 폭풍우처럼 몰아칠 때 잠시 주머니에서 '지금 여기 돌멩이'를 꺼내어 방금 한 것처럼 보고 만지며 느껴보세요. 그 순간 떠돌던 마음은 지금 여기로 돌아와 머물며 고요해질 거예요.

맛을 음미할 줄 아는 즐거운 아이

아이들의 뇌는 감각 기관을 통해 외부에서 들어오는 정보를 받아들이게 됩니다. 그리고 이렇게 들어온 외부 정보와 더불어 내적으로 감지되는 정보를 함께 활용하여 의사결정을 내리게 됩니다. 이때, 몸의 정보를 바탕으로 내적으로 느껴지는 정보를 감지하는 것을 '내수용 감각'이라 부르며, 이는 매우 중요한 역할을 합니다. 우리 몸 전체에 신경계가 퍼져 있기 때문에 몸의 내적 정보를 잘 감지해야 이를 기반으로 좋은 결정을 내릴 수 있기 때문입니다. 결국 아이들은 자신의 몸에서 느껴지는 정보에 귀 기울이게 될 때, 지혜로운 마음을 갖게 됩니다. 예를 들어 아이가 감정의 정보만으로 의사결정을 하게 되면 어떤 일이 벌어질까요? 쉽게 화를 표출하거나 과도하게 방방거리며 웃거나 심한 감정 기복을 보이게 될 가능성이 큽니다. 감정을 담당하는 뇌인 변연계를 '파충류의 뇌'라고 부르는 것도 바로 이러한 특성 때문입니다. 그렇다면 논리적이고 이성적인 마음으로 의사결정을 하게 되면 어떨까요? 이성적 마음은 우리 뇌의 전전두엽에서 담당합니다. 주어진 정보를 분석하고, 추론하며 판단을 내리면 겉으로 보기에는 참으로 빈틈없이 완벽할 것 같지만, 정서적 정보가 빠진 그 결정은 어쩌면 지나치게 논리적이어서 오히려 관계나 문제를 더 악화시킬 수도 있습니다.

가장 이상적인 것은 아이가 정서적 정보와 이성적 정보를 균형 잡힌 시각으로 접하는 것입니다. 그럼 아이는 힘든 일들을 맞닥뜨릴 때 따뜻한 가슴과 논리적이며 명료한 머리로 지혜로운 결정을 내릴 수 있을 거예요. 중요한 것은 정서적 정보와 이성적 정보의 균형을 맞추는 똑똑한 저울과도 같은 일을 바로 몸이 하고 있다는 사실입니다. 어른들이 흔히 말하는 '직관을 따르라'는 말처럼, 몸은 외부와 내부, 그리고 정서와 이성적 정보가 자신에게 편안함을 주는지 불쾌함을 주는지 안전함을 주는지, 혹은 경계심을 주는지 알아차리는, 똑똑한 저울의 계기판과 같은 역할을 합니다. 그래서 몸이 하는 말, 말하고자 하는 것에 주의를 기울여 잘 듣는 것이 중요합니다.

아이들이 자신의 몸에 주의를 기울이는 방법을 연습할 수 있는 가장 쉬운 일은 '먹기'입니다. 사실 먹는다는 행위 자체가 아이들이 스스로 자신을 돌보는 가장 쉽고도 친절한 방법이기도 합니다. 무엇보다 아이들이 무언가를 먹을 때, 음식에서 나는 향, 손으로 잡았을 때의 무게와 온도, 눈에 보이는 다양한 색깔과 모양, 씹을 때 혹은 손에서 주물럭거릴 때 들리는 소리, 마지막으로 입안에 넣는 순간 샘솟는 침, 혀를 자극하는 다양한 맛들, 치아와 음식이 맞닿을 때의 질감 등 많은 감각들을 생생하게 느낄 수 있습니다. 먹는 일은 이렇듯 아이들이 자신의 몸에서 경험하는 수많은 감각 정보들을 호기심 있게 바라볼 수 있는 좋은 기회가 됩니다. 또 먹는 일은 아이들이 하루 중 아무리 바쁜 일과에도 물 한 잔, 사탕 한 알은 먹는 것처럼 작지만 매일 하는 행위이기도 합니다. 그래서 마음챙김을 매일 차곡차곡 실천할 수 있는 좋은 연습 방법이 됩니다.

아이가 음식을 바쁘게 서둘러 먹지 않고, 그 음식에서 느껴지는 풍미와 맛의 변화를 느낄 수 있다면, 먹는 행위 자체가 아이에게 즐거움을 주는 놀이이자, 바쁜 삶 속에서 그 누구에게도 방해받지 않고 자신의 경험에 몰입할 수 있는 멋진 휴식이 될 것입니다. 맛을 음미하며, 먹는 행위의 즐거움과 감사함을 충분히 느낄 수 있도록 식사 시간에 여유를 허용해주세요. 아이들의 일상에 마음챙김이 가까이 숨 쉴 수 있도록 오른쪽의 '마음 챙겨 먹기' 활동을 함께해 보세요.

마음 챙겨 먹기

준비물: 아이들이 고른 간식이라면 무엇이든 좋아요.

여러분의 상상력을 동원하여 마치 다른 행성에서 온 외계인처럼 눈앞의 음식을 대해 보세요.
이제 여러분이 고른 그 지구의 음식을 오감으로 느끼며 탐색해 보도록 해요.

자, 여러분은 지구라는 행성에 처음 방문했고 지금 눈앞에 있는 음식은 이전에는 한 번도 본 적이 없다는 사실을 잊지 마세요. 여러분의 감각을 통해 눈앞의 음식에 주의를 기울이는 것은 마음챙김 근육을 키우는 또 하나의 좋은 방법이랍니다!

1. 지구 음식을 손에 쥐고 눈을 감아보세요.

2. 손가락으로 느껴보세요. 지구 음식의 모양에 주목해 보세요. 감촉은 어떤지, 울퉁불퉁한지 매끄러운지 만져보세요.

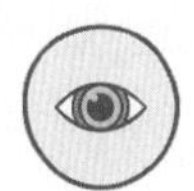

3. 눈으로 바라보세요. 지구 음식의 색감에 주목해 보세요. 호기심을 가지고 크기와 모양을 관찰해 보세요.

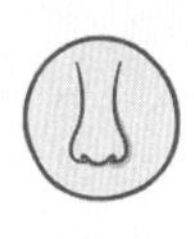

4. 이번엔 코로 냄새를 맡아보세요. 달콤한 향이 나는지, 강한 향이 나는지, 아니면 아무 향도 나지 않는지 주의를 기울여 냄새를 맡아보세요.

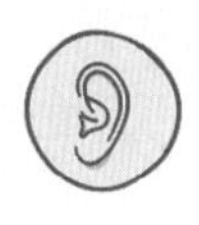

5. 귀로 들어보세요. 지구 음식을 귀에 가까이 가져가서 손으로 꾹 쥐거나 껍질을 벗겨보세요. 그때 어떤 소리를 내는지 잘 들어보세요.

6. 혀로 맛을 보세요. 음식을 혓바닥 위에 올려놓아 보세요. 한 입 베어 물고, 어떤 맛인지 느껴보세요. 천천히 씹어보면서 맛이 어떻게 변하는지 느껴보세요. 삼키면서 어떤 느낌이 드는지 집중해 보세요. 또 씹을 때 음식의 크기나 질감이 어떻게 달라지는지 어린아이처럼 호기심을 갖고 관찰해 보세요. 서두르지 않고 천천히 음식을 즐기며, 지금 이 순간 경험하는 것들을 충분히 느껴봅니다.

♥ '마음 챙겨 먹기'는 언제, 어디서든 우리가 음식을 먹을 때 할 수 있는 마음챙김 활동이에요. 그저 음식을 외계인처럼, 탐험가처럼 호기심 어린 마음으로 대하면 충분해요. 이렇게 음식을 천천히 음미해 보면, 새로운 경험, 음식에 대한 경이로움과 감사함을 발견하게 될 거예요.

고요하게 휴식하는 건강한 몸

잠시 숨을 고르고 살아 있음을 만끽하며 즐거운 일에 주의를 기울이면서 느껴지는 모든 것들을 마음으로 환영해 보세요. 잠깐의 경험이었지만, 어땠나요? 아이가 자신의 삶에서 지치고 힘들 때 이렇게 잠깐의 휴식이라도 스스로 만들 수 있는 어른으로 성장한다면 정말 멋질 거예요. 아이들이 어른이 된 모습을 떠올렸을 때, 무언가에 몰두하며 놀라운 성과를 내는 모습도 멋있겠지만, 삶의 순간순간 자신의 내면에 귀 기울이며 고요히 휴식을 취할 줄 아는 사람이 된다면, 그 또한 멋진 일이 아닐 수 없을 거예요. 왜냐하면 어른인 우리는 시간이 날 때마다 휴가 계획을 세우고, "아~ 하루만 푹 자고 싶다. 여행가고 싶다. 언제 제대로 쉬어봤는지 모르겠어"를 입에 달고 살듯, 늘 여유와 휴식을 꿈꾸고 있으니까요. 이렇게 지금의 어른들이 바라고, 또 꿈꾸는 삶을 미래의 아이들이 누릴 수 있다면 그것만큼 감사한 일도 없겠지요.

삶에서 휴식은 생각보다 더 중요합니다. 실제로 두 시간마다 15분씩 잠깐의 휴식만 취해도 어느 정도 스트레스를 줄일 수 있고, 건강을 회복할 수 있다고 합니다. 그러니 **스트레스를 줄여주려고 애쓰기보다, 그저 일상 속에서 잠깐의 휴식 시간을 제**

공해준다면, 아이들이 보다 건강한 삶의 방식을 배울 수 있게 될 것입니다. 그런데 이때 휴식 시간을 핸드폰 게임이나 유튜브 영상으로 소비하게 되면 아이들의 뇌는 온전한 휴식을 취하지 못하게 됩니다. 빛, 색감, 소리 등 수많은 자극과 정보들을 처리하느라 뇌가 오히려 더 많은 일을 하게 되기 때문입니다. 그렇기 때문에 아이들을 위한 휴식 시간에는 짧고 간단한 스트레칭, 좋아하는 노래 듣기, 가볍고 맛있는 간식 먹기와 같은 단순한 한 가지 활동만 하는 것이 좋습니다.

아마도 아이들은 이미 각자 다양한 휴식 활동을 하고 있을 수도 있습니다. 다만, 그 시간이 주는 내적 변화와 경험을 하나하나 알아차리지 못한다면, 휴식을 통한 기쁨과 감사를 느끼지 못하고 시간만 흘려보내는 일이 될 수도 있습니다.

마음챙김은 아이들이 취하고 있는 휴식을 '쉼'으로써 온전히 '즐기고, 음미할 수 있도록' 돕습니다. 그리고 휴식이 주는 고요함, 생생한 즐거움, 나른한 이완, 가슴 뛰는 설렘이나 즐거움과 같은 경험들을 아이의 내적 자원이 되도록 차곡차곡 쌓아줍니다. 우리는 아이가 삶이 주는 여유를 즐길 수 있는, 일상에서 자신을 위한 휴식을 선사할 줄 아는 어른으로 성장하길 바랍니다.

저는 집에서 아이와 함께 종종 창밖이 보이는 곳에 함께 앉아 '멍 타임'이라 부르는 시간을 갖습니다. 사실 특별한 것 없는 이 시간을 저와 아이가 즐겨 하는 이유는 그저 조용히 '함께하고 있음'을 느끼는 것으로 충분한 휴식이 되기 때문이지요. 여러분도 집에서 편안함이 느껴지는 장소를 찾아보세요. 예를 들어 방 안에서 아이가 좋아하는 인형이나 색깔이 있는 곳, 다른 사람의 방해를 받지 않는 곳 등 어디든 괜찮습니다. 그저 아이가 편안함을 느끼는 곳이면 됩니다. 그리고 오른쪽 페이지에서 소개하는 간단한 마음챙김 활동을 통해 아이의 삶에 휴식 한 방울, 쉼 한 스푼을 내어주세요. 함께 휴식이 주는 편안함에 흠뻑 빠져보세요.

좋아하는 노래 듣기

준비물: 음악 or 악기 or 악기가 될 만한 무언가

1. 이어폰을 끼거나 스피커 볼륨을 높인 다음, 편안함, 따뜻함 등이 느껴지는 노래를 틀어놓고 가만히 귀 기울여 들어보세요.
2. 하나의 악기에 귀 기울이거나 노래 전체에 흐르는 음률에 주의를 기울여보세요.
3. 이렇게 주의 깊게 듣다 보면, 같은 음악이라도 전에는 듣지 못했던 새로운 특색을 발견하게 될 수도 있어요. 그러면 어느새 이 노래가 새롭게 들릴 수도 있을 거예요.
4. 노래를 듣는 동안 몸과 마음에서 느껴지는 것들을 충분히 음미해 보세요.
5. 휴식이 주는 모든 경험들을 충분히 느껴보세요. 자신에게 충분히 휴식할 수 있는 시간을 허용해주세요.

07

행복을 좇는 아이 vs 행복을 음미하는 아이

어느 날 저의 아이가 밤에 자기 전 "엄마, 나 오늘 정말 안 행복했어. 하루 종일 심심했어"라고 말했습니다. 저는 잠시 생각에 빠졌습니다. '내가 오늘 너에게 해준 모든 것들이 도움이 되지 않은 걸까? 오늘 몸놀이, 색종이 접기, 보드게임을 했는데 뭔가 더 해줬어야 하나? 무엇을 더 해줘야 네가 행복할까?'라는 생각이 꼬리를 물다가, '그런데 내가 꼭 아이를 행복하게 해주기 위해 뭔가 더 노력해야 하나?' 하는 의문이 생겼습니다.

우리는 아이가 행복하길 바라고, 아이의 삶이 행복으로 가득하길 바랍니다. 그리고 매일 아이를 더 행복하게 해줄 수 있는 것들을 찾아 헤맵니다. 지금도 아이들을 즐겁게 해주는 것이라며 많은 장난감, 놀잇감, 놀이 방법, 키즈 카페 등이 쏟아져 나오고 있지요. 수없이 많은 제품과 정보들 속에서도 제일 좋은 것만을 주는데 왜 우리 아이는 행복하지 않을까요? 왜 게임과 놀잇감이 가득한 세상에서 아이들의 우울감, 불안감이 해마다 증가하고 있다는 슬픈 소식을 들어야 하는 것일까요?

행복 수준이 조금이라도 높아지면 일의 효율성, 창의성과 독창성이 높아지고, 심리적 안녕감도 증가시킨다는 연구 결과들이 있습니다. 또한 행복 수준을 높이면 우리는 더욱 친절해지고, 그럼으로써 비도덕적인 행동의 가능성이 줄어든다고 합니다. 무엇보다 우리의 정신과 몸은 연결되어 있기 때문에 마음의 행복은 몸의 면역체계에도 영향을 미쳐서 행복한 사람이 더 건강하고 질병도 잘 이겨낸다는 결과를 보여줍니다. 그래서일까요? 우리는 모두 행복을 원합니다. 부모, 선생님, 어른들이 행복을 원하듯, 우리가 돌보는 아이들 또한 행복해지기를 간절히 원합니다.

그런데 행복에는 한 가지 역설이 존재합니다. 우리가 아이에게 행복해지라고 요구할수록 오히려 아이들은 행복과 멀어진다는 것입니다. 캘리포니아대학 심리학과 교수인 아이리스 마우스Iris Mauss 박사에 따르면, 행복이 중요하다고 여기며 행복해지기를 주장하는 사람들은 오히려 덜 행복하고, 더 외롭다고 합니다. 즉, 우리가 아이들에게 너희들 삶에 행복이 얼마나 중요한지, 그래서 행복해지기 위해 무엇을 해야 하는지, 오늘은 얼마나 행복했는지를 끊임없이 묻고 되뇐다면 오히려 아이는 행복으로부터 멀어지게 된다는 것입니다.

그렇다면 우리가 아이의 행복을 위해 해줄 수 있는 것은 무엇일까요?

첫째, 일상의 작은 행복들을 음미하고 쌓아보세요. 앞선 이야기로 돌아가자면 결국 저는 아이에게 이렇게 대답했습니다. "엄마는 이렇게 밤에 너와 함께 누워 손도 잡고, 도란도란 이야기를 나누는 지금이 행복해. 엄마의 행복은 '지금-이 순간'에 있어. 지금 너는 느낌이 어때?"라고 말이지요. 즉, 아주 작은 것이라도 기분 좋은 일이 생기면 아이들이 음미할 수 있는 시간을 충분히 허락해주세요. '재미있는 놀이도 함께하고, 원하는 장난감도 모두 주었는데, 너는 왜 행복하지 않니?'라는 물음에 아마도 아이는 이렇게 대답할 것입니다. '정작 제가 행복을 느낄 시간은 주지 않았잖아요'라고 말이지요. 마음챙김은 아이가 지금 하고 있는 작은 놀이, 친구들과의 대화, 새로운 곳으로의 여행 등 모든 일들을 통해 아이가 스스로 어떤 감정을 느끼는지, 몸에서는 어떻게 느껴지는지를 충분히 살펴볼 수 있도록 도와주는 일입니다. 즉, 아이가 자신의 내면에 주의를 기울임으로써 '아, 이것이 행복이구나'를 깨닫게 도와주는 것이지요. 우리는 큰 행복을 찾아 헤매는 아이가 아닌, 일상의 작은 행복을 온전히 느낄 줄 아는 아이로 성장하기를 바라야 합니다. 실제 마음챙김 8주 프로그램에 참여한 사람들의 뇌 신경 활동을 측정한 결과, 전두엽 피질의 왼쪽 부분이 활성화(행복과 관련된 신경 활동)되는 것을 확인할 수 있었습니다. 물론 수년간 마음챙김을 수행한 사람들에 비할 수는 없겠지만, 2개월이라는 짧은 시간의 마음챙김 활동만으로도 사람들이 실제로 더 행복해진 것을 뇌 영상을 통해 확인할 수 있었습니다. 그러니 우리 아이들에게 말해주세요. 행복은 대단한 것이 아니라, 일상 속에서 순간순간 작은 기쁨들을 충분히 느낄수록 행복해질 수 있다고, 작은 행복이 겹겹이 쌓이면 그것이 곧 큰 행복이라고 말이에요.

둘째, 행복을 추구하기보다 아이를 행복으로 이끄는 것을 추구해야 합니다. 몸, 마음, 관계, 배움의 영역에서 아이를 행복으로 이끄는 아주 작은 활동들을 찾아 그것들을 실천하는 것입니다(저는 이 '아주 작은'의 의미를 아이들에게 '한 스푼짜리'라고 표현합니다). 예를 들어 '나의 몸을 따뜻하게 해주는 햇살 느끼기, 나의 마음을 즐겁게 해주는 노래 한 소절이나 나의 마음을 설레게 하는 새로운 악기 배우기, 나를 즐겁게 해주는 사람과의 대화'

와 같이, 아이가 몸, 마음, 관계, 배움의 활동에서 행복감을 느낄 수 있는 것들을 찾아 함께 실천해 보세요.

셋째, 아이에게 "행복하지 않은 순간도 꽤 괜찮은 순간이야"라고 말해주세요. 행복을 좇다보면 행복하지 않은 순간, 즉 약간의 슬픔, 친구를 향한 질투와 미움, 선생님에게 혼나고 있는 순간의 서러움과 부끄러움 등은 모두 쓸모없는 것처럼 여기게 됩니다. 하지만 생각해 보세요. 그 순간순간들이 모여 오늘을 사는 우리 아이를 만들었습니다. 그저 인간답게 살았을 뿐이지요. 그러니 아이가 '인간다운 삶 속에서 행복을 느끼는 사람'으로 성장하기를 바란다면, 행복해지기 위해 무엇을 할 수 있을까를 고민하기보다, "행복하지 않은 순간도 꽤 괜찮은 순간이야"라고 말해주세요.

그럼 일상에서 소소한 행복을 음미할 줄 아는 아이는 어떤 삶을 살게 될까요? 행복 수준이 올라가면 다른 사람과의 관계가 더욱 부드럽고, 평화로워집니다. 우리 아이가 행복해진다면 아이가 있는 교실, 학교, 가정 등이 행복한 곳이 되는 것이지요. 이처럼 행복은 모든 관계에 있어 이롭기 때문에 학교에서 장시간 머물며 동일한 사람들과 관계를 맺어야 하는 아동기 아이들에게는 특히나 '행복 음미하기'가 더욱 중요합니다. 다만 이때 행복해진다는 것은, 친구들, 선생님과의 갈등이나 불화가 전혀 없다는 뜻은 아닙니다. 오랜 시간을 함께 지내야 하는 친구들, 선생님, 부모님과의 불화나 다툼은 당연히 존재합니다. 그러나 그 또한 괜찮습니다. 우리는 아이들이 '인간답게 행복해지기'를 원하니까요. 갈등 안에서 내면의 평온을 찾고, 좌절 속에서 일어설 용기를 찾고, 공격 속에서 현명하게 대응할 방법을 찾으며 행복해지기를 바라는 것입니다. 행복은 우리 아이의 하루 중에 갈등이나 좌절, 실패가 없는 것이 아니라 그러한 상황 속에서도 잠깐의 사소한 일상을 음미하는 태도에 있으니까요. 나아가 행복은 전염되는 것이기에 아이의 행복은 곧 가정, 주변 친구들, 선생님, 교실, 전체 학교, 세상으로 뻗어나가 결국은 우리 아이가 살고 있는 세상을 조금은 더 따뜻하게 만들어줄 것입니다.

슬픔, 무기력이 찾아온 아이를 위해

틱장애를 진단받은 초등학교 4학년 남자아이가 있었습니다. 처음 심리치료를 받기 위해 병원에 왔던 그 친구는 30분의 상담 시간 내내 심리치료사였던 저의 질문에 고개를 푹 숙이고 아주 작은 목소리로 "네", "아니요"만 반복할 뿐이었지요. 아직도 그 아이가 생각나는 이유는 처음 만났을 때 아이가 내뱉었던 말 때문인 것 같습니다. “저는 병신이에요. 저는 아무것도 할 수 없어요…”

그 친구를 무겁게 억눌렀던 것은, 실제 ‘틱Tic’이라는 증상이나 진단명보다, ‘슬픔과 무기력’이었습니다. 슬픔은 아이의 마음을 갉아먹으며 이제 ‘틱’의 증상이 없을 때에도 “왜 하필이면 나일까? 왜 나는 문제투성이일까? 나는 아무것도 할 수 없을 거야. 나는 나아질 수 없어”를 늘 되뇌이게 만들었습니다. 이렇게 찾아온 슬픔은 해맑고 씩씩했던 아이를 무기력하고 짜증이 많은, 매사 불평불만이 가득한 아이로 만들었습니다. 무엇보다 슬픔에 잠식된 아이는 즐거움과 설렘으로 가득해야 할 자신의 미래를 ‘틱’, ‘병신’, ‘아무것도 못하는 나’라는 감옥에 가둬버렸습니다.

슬픔은 우리 아이들의 삶에 언제든 찾아올 수 있는 감정입니다. 다만 그 슬픔에 압도되고 잠식되느냐, 아니면 그것을 받아들이고 자신을 돌보며 살아가느냐의 차이일 뿐입니다. 그렇다면, 우리는 아이들에게 슬픔이 찾아왔을 때 그것을 어떻게 받아들이고 보살피도록 안내해주어야 할까요?

슬픔, 우울, 무력감이라는 감정들은 어떠한 순간에도 마주하고 싶지 않을 정도로 아이들을 힘들게 만듭니다. 그러나 아이러니하게도 이러한 감정들은 어리기만 했던 아이가 어느새 성장했음을 말해주는 지표이기도 합니다. 슬픔, 우울과 같은 감정을 느낀다는 것은 아이가 자신, 주변 친구와 세상, 미래에 대해 생각할 수 있는 능력이 생겼다는 뜻이니까요. 동시에 자신과 주변 세상을 비교하고 비판하는 사고 능력이 생겼음을 뜻하기도 합니다. 이 시기의 아이들은 자신과 세상을 끊임없이 비교하고 견주면서 누가 더 나은지, 무엇이 부족한지 따져보면서 부족한 것들은 해결하기 위한 전략을 짜며 세상에 적응해 나갑니다. 그리고 이 덕분에 비교와 판단, 추론을 통한 문제 해결 능력을 발휘할 수 있게 되는 것입니다. 그런데 또 한편으로는 이러한 사고 능력의 발달로 인해 자신이 친구에 비해 얼마나 부족한지, 얼마나 결함이 많은지, 무엇이 잘못되었는지, 그래서 무엇을 얼마나 더 애쓰면서 연습하고 배워야 하는지를 깨닫게 되면서 더 많은 슬픔, 좌절, 무기력을 마주하게 되지요.

결국 우리는 아이들 마음에 필연적으로 찾아오는 이러한 슬픔을 어떻게 수용하고 친구가 되어 함께 살아갈 수 있는지 그 방법을 아이들에게 가르쳐주어야 합니다. 스스로 자신의 슬픔을 알아차리고, 그로 인해 힘겨워하는 자신에게 친절을 베풀 수 있는 아이로 길러주어야 합니다.

아이 마음의 슬픔과 친구하기

1. 몸에서 슬픔을 찾아보세요: "슬플 때 내 몸은 어디에서, 무엇을, 어떻게 느끼고 있지?"
2. 슬픔에 인사를 건네세요: "네가 슬픔이구나", "네가 우울이구나"
3. 위로의 손길을 건네세요: 사랑하는 친구나 반려동물을 쓰다듬듯, 자신을 쓰다듬고 토닥여주면서 스스로에게 친절한 위로의 손길을 건네세요.
4. 위로의 말을 건네세요: "괜찮아. 내가 함께 있어", "다른 친구들도 나와 같은 기분을 느끼기도 해"
5. 필요한 것을 내어주세요: "지금 나에게 필요한 것은 무엇일까? 무엇을 하면 내 기분이 나아질 수 있을까? 엄마에게 같이 산책을 가자고 해볼까?"

우리의 아이들이 비를 피하기 위해 전전긍긍하기보다 비 맞는 것을 즐기며 그 속에서 낭만을 느끼는 사람으로 성장하기를 바랍니다. 마음에 비가 내릴 때도 마찬가지입니다. 그것을 피하기 위해 온 힘을 쏟으며 애쓰는 것이 아니라, 여유롭게 그 안에서 춤을 추는 아이로 성장하기 바란다면 다음과 같이 말해주세요.

"슬픔에 너 자신을 내어주지 마, 그저 슬픔을 느끼면서 함께 춤을 춰 봐."

마음에 불안과 걱정이 가득 차 있는 아이를 위해

초등학교 3학년 어느 여자아이가 아침에 일어나 거울을 보면서 한숨을 쉬고 있습니다. 현장체험학습을 갈 때 버스에서 자신의 옆자리에 아무도 앉지 않으면 어떡하나 하는 걱정 때문입니다. 아이는 거울을 보면서 마음속으로 수많은 말을 중얼거리고 있습니다. '아무도 내 옆에 앉지 않는다면 어떡하지? 다른 친구들이 나를 왕따라고 생각하면 어떡하지? 나는 왜 친구들에게 인기가 없지? 만약 계속 친한 친구가 생기지 않으면 어떡하지?' 그 마음속 말들이 진실인지는 관심이 없습니다. 그것이 사실이든 아니든 자신의 의지와는 상관없이 아무 말이나 끊임없이 속삭입니다. 그런데 이 모든 거짓 속삭임은 사실 아이들 마음의 기본 속성이자 작동 방식입니다. 아이들의 마음은 늘 쉴 새 없이 재잘거립니다. 그래서 아이의 마음을 날뛰는 원숭이나 강아지로 비유하기도 하지요. 그렇다면 쉴 새 없이 재잘거리며 걱정과 불안을 만드는 이 날뛰는 원숭이나 강아지를 감옥에 가둬

두거나 없애버릴 수 있을까요? 정답은 '그럴 수 없다'입니다. 그럼에도 불구하고 우리는 이 날뛰는 원숭이나 강아지를 잡겠다며 아이들에게 이렇게 말합니다. "그만 생각해. 그만 걱정해. 네가 걱정한다고 해결이 되니? 걱정할 시간에 빨리 숙제부터 해!"라고 말이지요. 우리는 마음속 부정적인 말들을 통제하라고 아이들에게 말하지만 늘 실패하기 마련입니다. 왜냐하면 아이든 어른이든 살아 있는 우리 모두는 머릿속 말들을 완벽히 통제할 수 있는 능력이 없기 때문이지요. 다만 마음속 중얼거림에 정신을 빼앗기는 대신, 지금-이 순간 느껴지는 몸의 감각에 주의를 기울이면 잠시 마음이 고요함에 머물게 됩니다. 그리고 보다 차분한 상태에서 그 마음속 중얼거림을 살펴본 뒤, 이것들을 구름처럼 흘려보내거나 자신을 위해 조금 더 친절한 말을 건넬 수 있게 됩니다. 이것이 마음챙김과 자기 친절입니다.

불안과 걱정이 가득한 아이에게 마음속 소란을 잠재우는 방법을 안내하기 위해서는 먼저 마음의 속성과 작동 방식을 알려주어야 합니다. 우리의 생각이나 걱정은 모두 구름처럼 흘러간다는 것을 말이지요. 그 누구도 흘러가는 구름을 잡을 수 없습니다. 흘러가는 물을 손으로 막을 수 있는 사람도 없지요. 이처럼 사람의 생각이란 것도 자세히 살펴보면 구름과 같이 모두 흘러가는 것이지, 절대 잡거나 막을 수 있는 것이 아니라는 것입니다. 그렇기에 아이들의 걱정이나 수많은 힘겨운 생각을 다루는 첫 걸음은 바로 '수용'입니다. 아이들에게 수용은 생일파티에 어떤 친구가 오든(좋아하는 친구이든 싫어하는 친구이든), 자신의 파티를 즐겁게 보내기 위해 누가 오든 '그저 환영해주는 일'과 같은 것이라 말합니다. 파티는 길어야 하룻밤 지속될 뿐입니다. 다음 날, 그 다음 날까지 이어지지 않지요. 파티는 언젠가 끝나는 것이니, 우리는 그저 손님이라면 그 누구라도 기쁘게 환영하지는 못할지언정 차분히 맞아주는 파티의 주인공 역할을 하면 되는 것입니다. 이처럼 아이를 힘들게 하는 걱정과 고민들도 내 파티에 찾아온 그저 조금 싫어하는 친구인 것처럼 대해 보라고 말해 보세요. 그리고 그들이 돌아갈 때, "잘 가" 하고 인사만 해주면 되는 것이라고 말이에요.

마음챙김은 생각을 하지 않는 것이나 생각을 멈추는 것이 아닌, 아이들이 자신의 생각을 알아차리고 적당히 거리를 두도록 도와줍니다. 아이들이 자신의 생각을 통제하고 싸워야 하는 대상이 아니라, 수용하고 자신의 안녕을 위해 변화시킬 수 있는 대상으로 보도록 도와주는 것이죠. 즉, 생각에 대한 관점을 변화시키는 일입니다.

불안과 고민, 걱정으로 가득 찬 아이에게 오른쪽의 마음챙김 활동을 안내해주세요. 꼭 구름이 아니어도 괜찮아요. 위에서 아래로 흘러가는 강물, 하늘로 올라가다 터져버리는 비눗방울처럼, 그 무엇이든 흘러가는, 고정되지 않은 것이라면 모두 좋습니다.

구름아, 잘 가

준비물: 종이, 펜, 상자 또는 가방

잠시 여유를 갖고 편안한 자세를 찾아보세요. 눈을 감는 게 편하다면 그렇게 해도 좋아요. 주의를 기울여 세 번 호흡하며 지금 내 몸에서 일어나는 느낌과 감정을 관찰해 보세요. 원한다면 두 눈을 감아도 좋고, 집중하는 데 도움이 된다면 가슴에 손을 얹어도 좋습니다.

이제 나의 행복을 가로막는 감정이나 생각, 고민이 있는지 떠올려보세요. 내 마음이 태양이라면, 그 태양을 가리는 구름과 같은 감정이나 생각이 있나요? 우선 연습이니 10점 만점 중 1–3

점 정도의 강도를 가진 부정적 감정이나 생각을 찾아보세요. 여러분이 이 활동에서 너무 힘들어지는 것을 원하지 않아요. 나 자신을 보살피면서 떠올릴 수 있는 정도의 조금 힘든 생각이나 감정을 떠올리면 됩니다.

이제 눈을 부드럽게 뜨고 잠시 시간을 내어 내 마음의 햇빛을 가리는 걱정 혹은 생각 구름이 무엇인지, 준비한 종이 위에 단어나 그림으로 표현해 보세요.

그 종이를 잘 접어서 앞에 있는 상자나 가방에 넣어보세요. 상자에 종이를 넣을 때, 마음속으로 "잘 가~" 하고 작별 인사를 건네보세요.

몇 번 더 천천히 호흡하면서 다시 주의를 몸으로 가져옵니다. 온전히 현재에 머물며, 다시 한 번 나의 행복 또는 태양이 밝게 비추는 걸 방해하는 다른 생각이나 고민, 걱정, 감정이 있는지 살펴보세요.

다시 한 번 눈을 뜨고 떠오른 것을 준비된 종이 위에 그림, 낙서, 글로 옮긴 뒤에 그것을 준비한 상자에 넣으세요. 종이를 넣을 때 마음속으로 "생각아, 잘 가~" 하고 작별 인사를 건네주세요.

이제 주의를 모으고 마음의 태양이 빛나는 걸 상상하고, 그것을 충분히 느껴보세요.
한 번 숨 쉴 때마다 구름이 흩어지고 햇빛이 나타나는 장면을 떠올려보세요.
태양 앞의 장애물을 치워 두었으니, 남은 하루 동안에는 내면의 햇빛으로 돌아오기가 더 쉬울 거예요.

이제 잠시 시간을 가지면서 내면의 햇빛과 관련해 떠오르는 단어나 이미지를 생각해 보세요. 그리고 떠오른 것을 마지막으로 종이에 그림이나 글로 적어봅니다.

♥ 내 마음에 걱정, 고민 등이 찾아올 때 언제든지 몇 번의 호흡으로 구름을 걷어내고, 생각·걱정 구름에 작별 인사를 하며 마음의 햇빛에 집중할 수 있다는 사실을 기억하세요.

마음에 분노, 짜증이 쌓여가고 있는 아이를 위해

아이의 슬픔, 불안, 초조라는 감정보다 더욱 통제하거나 다루기 힘든 감정은 바로 분노, 짜증일 것입니다. 도대체 무엇이 이러한 감정을 다루는 것을 어렵게 만들까요? 그것은 분노나 짜증 자체가 아니라 이러한 감정을 '통제'하려는 방식 때문입니다. 분노와 짜증이라는 감정은 사실 인간이 인간답게, 또 인간으로서 살기 위해 필요한 감정입니다. 만약 깊은 숲속에서 사자를 만나면 우리는 아마도 살기 위해 다음과 같은 두 가지 행동을 하게 될 가능성이 큽니다. 먼저, 심장이 마구 뛰기 시작하면서 손에 땀이 나고 미친 듯이 달아나는 경우가 있을 것입니다. 이것이 스트레스에 대한 첫 번째 반응인 '도피'이지요. 또 누군가는 주먹을 꽉 쥐고, 얼굴에 열이 나며 소리를 지르면서 먼저 사자에게 달려들 수도 있습니다. 살기 위해서 내가 먼저 공격하는 것이지요. 이와 같은 '투쟁' 반응도 인간의 생존을 위해 진화된 삶의 방식입니다.

투쟁 반응이 일어날 때 아이들의 몸은 교감신경이 활성화되면서 심장박동 수, 맥박, 혈압이 올라갑니다. 그래서인지 화가 난 아이들을 보면, 주먹은 꽉 쥐고 얼굴은 붉으락푸르락하고, 또 어쩜 그리 목소리도 커져 있는지… 심지어 발을 쿵쾅거리거나 손쓸 새 없이 재빨리 달려가 주먹을 휘두르기도 하지요. 투쟁 반응 시에는 앞에 있는 사자보다 내가 더 빠르게 공격해야 살아남을 수 있기에, 단기 생존을 위해 아드레날린이 분출되면서 교감신경을 빠르게 활성화시키게 됩니다. 또한 아드레날린이 분출될 때는 뇌의 전전두엽의 활성화가 둔화되면서 제대로 생각할 수도 없게 됩니다. 한마디로 뇌와 몸의 상태가 통제 불가능해지는 것이죠. 그렇기에 **분노, 화에 취약해진 아이들에게는 '통제'보다는 '수용', 그리고 '조절'의 방법을 가르쳐주는 것이 필요합니다.**

아이의 분노를 조절하기 위해 가장 먼저 해야 할 일은 아이가 '화가 난 바로 그 순간'을 인지할 수 있도록 알려주는 것입니다. 분노는 열감을 동반합니다. 열은 불씨와 같지요. 작은 불씨를 잡지 못하면 큰 불로 번지는 것처럼, 작은 열감이 느껴질 때의 분노를 빠르게 알아차려야 큰 분노로 커지지 않습니다. 화가 느껴지는 그 순간을 포착하는 힘, 그것은 마음챙김에 있습니다. 아이가 작은 분노, 작은 짜증이 느껴지는 그 순간, 스스로 자신의 몸에 주의를 기울여 불편한 몸의 감각과 짜증이라는 작은 불쾌한 감정을 알아차리면 사실 그것만으로도 나쁜 감정이 해소되는 경향이 있습니다. 결국 아이들의 '조절 능력'은 '알아차림, 자각의 능력'에서부터 시작되는 것입니다.

초등학교 2학년 남자아이를 둔 한 어머니는 늘 이런 말을 했습니다. "우리 아이는, 하루 일과의 절반이 화내고 짜증내는 일이에요. 오전에는 간식이 마음에 안 든다고 짜증, 오후에는 동생이 자기 물건 조금 만졌다고 버럭, 저녁에는 게임 그만하라 했다고 엄마한테 또 화내고…" 상담 중에 만났던 그 어머님의 말씀이 더욱 기억에 남는 이유는 사실 그 다음 말 때문이었습니다.

"달래주어도 소용없고, 같이 화내봤자 아이 화만 더 키우는 꼴이니, 더 이상 제가 할 수 있는 일이 없어요."

아이를 위해 수많은 방법을 동원해 고군분투해왔을 어머니의 마음이 느껴져, 함께 답답함과 애처로움에 머물렀던 기억입니다. 더욱이 이러한 문제는 어느 한 가정, 어느 한 엄마와 아이만의 문제가 아니라 아이를 둔 부모, 선생님이라면 모두 고민하고 있을 문제인 것 같아서 마음이 더욱 무거웠습니다. 어른들은 분노와 짜증에 취약한 아이들에게서 보이는 공격적이고 충동적인 행동을 각자의 지식과 정보를 가지고 다양한 방식으로 해결하려 합니다. 하지만, 결국 이 모든 방법은 '통제'입니다. 외부의 자극을 통해 아이가 자신의 감정과 행동을 통제하는 것은 일순간의 효과만 가져다주는 임시방편일 뿐입니다. 중요한 것은 아이 스스로 자신의 감정과 행동을 통제가 아닌 '조절'할 수 있는 방법을 배워야 한다는 것이지요.

마음챙김은 아이들 마음에 언제든 찾아오는(어른들 마음에도 자주 찾아오는) 분노, 짜증이 작은 불씨일 때 이를 저항하지 않고 받아들이는 방법을 안내합니다. 작은 불씨가 아이에게 느껴지는 순간, "지금 이 순간 화, 짜증이 몸의 어디에서 느껴졌어? 가슴에서 뭔가 답답함이 느껴졌어? 몸이 어때?" 하고 물으며 아이의 얼굴이 조금 뜨거워졌는지, 혹은 손과 어깨에 잔뜩 힘이 들어가진 않았는지 몸의 변화에 대해 물어보세요. 그리고 아이의 감정에 이름을 붙여주세요. '화, 짜증, 질투, 분노…' 아이가 자기 몸과 마음의 신호를 알아차릴 때 그 순간 그 작은 불씨는 더욱 작아질 것입니다. 그렇게 조금은 차분해진 순간, 아이 스스로 자신의 내면에 질문해 보도록 해야 합니다. "나는 지금 이 순간 무엇이 필요할까? 내가 어떻게 이 화를 건강하게 표현할 수 있을까?"라고 말이지요.

다음에 소개할 마음챙김 활동은 아이가 어른 혹은 친구들과 함께해 볼 수 있는 것입니다. 함께 그린 그림은 집 안이나 필요한 곳에 붙여 두어도 좋아요.

얼음집으로 분노를 식혀요

준비물: 종이, 펜, 색연필

우리는 나를 힘들게 하는 감정을 피할 수 없습니다. 다만 그 감정을 온전히 느끼면서 나를 위해 안전한 선택을 하는 연습을 더 많이 할수록, 우리의 모든 감정, 심지어 정말 힘든 큰 감정까지 더 잘 다룰 수 있게 됩니다.

그리고 그렇게 함으로써 우리 자신과 다른 사람들에게 더 친절해질 수 있고, 문제 또한 더 잘 해결할 수 있으며 해야 할 일에 집중하는 것도 더 쉬워집니다.

1. 얼음집을 그려보거나 상상해 보세요. 1층, 2층, 3층… 각 층으로 얼음을 쌓아올리듯 얼음집을 그리거나 상상으로 떠올려봐도 좋아요.
2. 이제 눈을 감고, 코로 숨을 깊게 들이마시고 입으로 숨을 내

쉬면서 잠시 호흡에 집중해 보세요.

3. 잠시 여러분을 힘들게 한 감정을 떠올려보세요. 짜증, 질투, 분노… 무엇이든 선택할 수 있습니다. 다만, 10점 만점에 3점을 넘지 않는 크기의 감정을 선택하세요. 여러분을 안전하게 지키는 것이 무엇보다 중요하다는 것을 잊지 마세요. 떠올리는 것만으로도 압도되어 나를 힘들게 하는 감정은 선택하지 않습니다.
4. 그 감정을 떠올렸을 때, 여러분의 몸과 마음이 어떻게 느껴지는지 친절한 마음으로 관찰해 보세요. 만약 여러분의 몸과 마음이 힘겨워한다면 언제든지 들숨과 함께 "나는~", 날숨과 함께 "안전해~"라고 말하면서, 여러분 자신의 안전을 위해 편안한 장면을 상상해 보아도 좋아요.
5. 예를 들어 사랑하는 친구나 선생님과 이야기하며 즐거웠던 때를 상상하거나, 이를 그림으로 그려볼 수도 있습니다. 아니면 잠시 깊은 심호흡을 하거나, 여러분이 좋아하는 사람이나 장난감을 껴안을 수도 있습니다. 만약 원한다면 나 자신에게 친절한 말을 해주거나 안전한 장소를 상상하는 것도 좋습니다.
6. 이제 얼음집 가장 아래층에 여러분을 힘들게 하는 감정을 글로 적거나 색칠해 보세요.
7. 이번에는 그 위에 나를 안전하게 지킬 수 있는 다양한 상상

이나 행동을 그리거나 색칠해 보세요. 얼음집의 2층, 3층…
각 층마다 여러분의 분노, 짜증과 같은 힘든 감정들을 적고
또한 그것들을 다루는 안전한 방법도 함께 적으며 얼음집이
가득 찰 때까지 계속해 보세요.

8. 다했다면, 이 그림을 걸 수 있는 특별한 장소를 찾아보세요.
그리고 매일 이 그림을 볼 때마다 스스로에게 "나는 화를 건
강하게 다룰 수 있어. 나는 안전하게 나를 지킬 수 있어"라고
말해 보세요.

♥ 분노와 짜증을 조절하는 방법도 배워야 하지만, 한편으로는 아이들 가슴에 자신과 다른 사람과 세상을 향한 배려와 친절이 새겨질 수 있도록 해주어야 합니다. 아이들이 나와 다른 생각, 의견, 욕구를 갖고 있는 타인을 품을 수 있도록 해주세요. 아이가 내 앞에 있는 친구에게 화가 날지언정 상처가 되는 말은 삼키고 괜찮다고 말해주는 것과 같은 작은 친절한 행동이, 사실은 나 자신과 또 다른 누군가의 행복에 영향을 줄 수 있다는 것을 알게 해주세요. 아이들에게 '분노와 짜증을 줄여라'가 아닌, '너희들 마음에 친절과 평화를 새기고 살기를'이라는 말을 전할 수 있는 어른이 되어야 합니다.

작은 실패에도 힘겨워하는 아이를 위해

한 초등학교 교실에 모둠 활동 시간만 되면 긴장감으로 한숨을 푹푹 쉬는 아이가 있습니다. 모둠 활동 중 자신 없는 역할을 맡게 될까 봐 전전긍긍, 그래서 친구들에게 피해를 줄까 봐 또 전전긍긍, 나는 왜 이리 잘하는 것이 없는지 자책하며 한숨을 쉬고 있는 아이가 있습니다. 이 아이에게 도움이 되고자 같은 모둠의 친구들은 이야기합니다. "괜찮아, 우리도 잘하는 건 아니야. 그냥 한번 해보자" 그런데 아이는 이 같은 친구들의 응원도 들리지 않습니다.

이는 어떤 특정 아이의 문제만은 아닐 수도 있습니다. 어른이든 아이든, 재능이 많은 사람이든 아니든, 사람이라면 누구나 살면서 실패할까 봐 두려워하고, 또 마주한 실패에는 좌절하면서 사니까요. 하지만 우리가 걱정하는 것은 실패에 힘겨워하는 감정이 어느새 아이의 삶 대부분을 차지할 때이지요. 작은 실패일 뿐인데, 왜 이리 아이 마음에는 큰 실패로 자리 잡게 되었을까요?

힘들어하는 아이를 위로해주고 배려해주고 싶다는 마음에 혹시 "그럼, 오늘 한 번만 엄마가 해줄게", "정 힘들면, 다른 거 하자"라고 내뱉은 적은 없었나요? 힘겨워하는 아이 마음을 보다 단단하고 건강하게 자라게 하는 방법은 '친절과 사랑'입니다. 그렇기에 아이의 힘겨운 마음에 공감하며 "그래, 네가 실패를 만나, 참 힘들어하는구나" 하고 아이 마음을 읽어주지요. 실패가 아이의 전부가 아님을 알려주고 싶어서, 섣부르게 아이가 겪은 실패가 별 것 아닌 양 치부하는 과오를 범하기도 합니다. 혹은 아이가 실패, 좌절과 같이 힘겨운 마음에 머무를 새도 없이 어른이 대신 재빨리 그 일을 해치워주거나, 아이가 잘할 수 있는 다른 것으로 빠르게 고개를 돌려버립니다. 우리가 힘겨워하는 아이를 잘 돌보고 있다고 의기양양해 있는 순간, 사실 아이는 작은 실패를 견디는 힘을 서서히 잃어 가고 있습니다.

작은 실패에도 두 다리로 곧게 설 수 있는 단단한 아이가 되기 위해 필요한 첫 번째 마음은 바로, 견디는 힘입니다. 그렇기에 실패에 힘겨워하는 아이에게 "네가 힘들어하는구나"라는 말보다, "내가 힘겨워하는 너의 곁에 함께 있단다"라는 말이, 어쩌면 아이가 실패의 쓰디쓴 맛을 견디는 데 더 필요한 말일지도 모르지요. 실패의 쓴맛을 함께 느끼며 인상을 찌푸린 채 나를 바라보고 있는 어른보다, 고통마저 수용하는 삶의 태도를 가진 어른의 모습을 보여주어야 합니다.

이렇게 아이의 두 다리에 조금 견딜만한 힘이 생겼다면, 다음으로는 진정으로 힘겨워하는 자신에게 친절을 베풀어야 합니다. 우리는 친절을 생각할 때, 보통 부드럽고 자애로우며 따뜻한 이미지를 떠올리기 마련입니다. 하지만 진정한 친절은 힘겨운 고통 가운데에서도 자신이 원하는 바를 향해 뛰박질할 수 있는 조용한 힘도 포함되어 있습니다. 친절은 동전의 양면처럼, 한쪽에서는 부드럽고 다정한 내면의 목소리로 "네가 힘들구나"를 속삭입니다. 그리고 또 다른 면에서는 단단하고 용기 있는 목소리로 "그럼에도 불구하고, 다시 한번 해보자. 힘들더라도 시도해 보자"라고 힘주어 말하고 있습니다. 이 두 가지가 모두 내면의 친절이 가지고 있는 목소리입니다.

작은 실패로 힘겨워하는 아이에게, 우리는 조금은 맹렬하고 강인한 친절로 다시 시작할 수 있는 용기를 심어줘야 했던 것이지요. 그 방법은 다양할 수 있습니다. 어떤 아이에게는 롤모델을 제시해줄 수도 있고, 어떤 아이에게는 한 단계 한 단계 다시 일어설 방법을 알려줄 수도 있습니다. 중요한 것은 실패에도 다시 일어설 수 있는 방법이 아닌, 실패했을 때 아이가 자기 내면의 소리를 듣고 스스로에게 다정한 말을 건넬 수 있는 마음의 태도를 갖도록 해주는 것입니다. 실패를 마주한 아이가 "가슴이 시리고 아파요"라고 말할 때 어른들의 눈과 마음은 어디를 향해 있었나 떠올려봅시다. 실패를 안고 있는 가슴이 아닌 머리에 실패를 이겨내는 방법을 말하고 있었던 적은 없나요? 아니면 오히려 "누굴 닮아 이리 마음이 약하니, 그러니까 아무것도 못하는 거지. 계속 이렇게 살 거야?"라며 내면의 비판자를 만들어내는 방법을 보여주지는 않았나요?

아주 잠시 시간을 내어 실패로 힘겨워하는 아이에게 그 쓴맛을 견디면서 내면의 강인하고 친절한 목소리를 내어보도록 안내해주세요. 아이가 진정 듣고 싶었던 그 말들을 들을 수 있도록 말이지요.

실패했을 때, 내가 진정 듣고 싶은 말

- 편안한 자세로 앉아보세요. 부드럽게 눈을 감거나, 시선을 살짝 아래로 향하게 해도 좋습니다. 두 번 정도 깊이 호흡해 봅니다. 숨을 내쉴 때마다 몸이 조금 더 깊이 가라앉는 느낌을 충분히 즐겨봅니다.

- 이제 잠시 다음에 대해 생각해 봅니다.
  어떤 말이든 내 귀에 속삭일 수 있다면, 그리고 실패해서 힘들어할 때마다 언제든 그 말을 들을 수 있다면, 나는 어떤 말을 듣고 싶을까?

- 다른 사람에게 말하지 않아도 되는, 오직 나만을 위한 것이라면 어떤 말을 가장 듣고 싶나요? 아마도 다음과 같은 말일 수도 있을 거예요.

너는 안전해.
너는 강한 사람이야.
너는 용기를 낼 수 있어.

- 이제 실제로 이 말을 듣는다고 상상해 봅니다. 이 말은 나의 진실한 내면에서 나온 말이에요. 이 말은 따뜻한 사랑으로 가득 차 있고, 흔들림 없이 강하지만 또한 부드럽고 다정한 말투로 내 귀에 속삭여지고 있습니다. 계속해서 그 말들을 들어봅니다.

- 아마도 다음과 같은 말일 수도 있습니다.

너는 괜찮을 거야.
너는 있는 그대로 충분해.
너는 이미 너에게 필요한 모든 걸 가지고 있어.

- 이 말들을 반복하면서 사랑하는 친구나 가족이 나를 위로하듯, 자신의 가슴에 가볍게 손을 얹거나 팔을 쓰다듬어 보세요.

- 그 말들을 계속해서 들어봅니다. 친절하고 내가 꼭 들어야 하는 이 말들이 내 몸과 마음에 스며들도록 말이지요.

- 이제 지금 내가 어떻게 느끼는지 알아차려 봅니다. 아주 조금 달라졌을 수도, 정말 많이 달라졌을 수도 있습니다. 어떤 느낌이든 그대로 괜찮습니다.

08

배움의 기초: 주의력과 집중력 높이기

1) 마음챙김과 주의력, 집중력의 관계

아이들도 어른만큼이나 바쁜 일상을 보냅니다. 아침에 일어나서 등원을 준비하고, 수업을 듣고, 급식을 먹고, 숙제를 하고, 학원에 가는 나름의 분주한 하루이지요. 아이들의 일상 중 '배움'은 매우 중요한 삶의 과제입니다. 이 시기의 아이들은 글을 읽고, 자신의 생각이나 아는 바를 쓰고, 친구들과 말하고, 낯선 지식을 받아들이고, 다시 새롭게 창조하는 모든 과제를 해내야 합니다. 이렇게 중요한 인생의 과제를 해나가는 데 있어 가장 기초가 되는 기술은 바로 주의력과 집중력입니다.

그렇다면 주의력과 집중력은 어떤 차이가 있을까요? 주의력은 주변의 정보를 파악하며, 동시에 해야 할 과제에 주의를 기울이는 능력을 말합니다. 이와 달리 집중력은 한 가지 과제에 모든 주의와 힘을 쏟아붓는 능력을 말하지요. 즉, 주의력은 보다 넓은 조명을, 집중력은 좁은 조명을 통해 지금 내가 해야 하는 일에 빛을 비추는 능력입니다. 그리고 아이의 학습 능력 향상을 위해서는 주의력과 집중력이 모두 필요합니다.

마음챙김은 어떻게 아이의 주의력과 집중력 향상에 도움이 되는 것일까요? 수많은 연구에서 마음챙김 효과 중 가장 먼저 거론되는 것이 바로 주의력과 집중력의 향상입니다. 그리고 아이들의 마음챙김이 주의력과 집중력을 높이며 나아가 학습 성취도 향상에 도움이 된다는 결과를 보고하고 있습니다. 우선 주의력과 집중력은 모두 한 가지 정보에 스포트라이트를 비춘다는 공통점이 있습니다. 다만, 주의력은 보다 넓은 조명을 비추어 내가 해야 할 과제뿐만 아니라 주변의 음악, 음식의 냄새에도 초점을 맞추도록 도와주지요. 반면 집중력은 보다 좁은 조명을 통해 내가 하는 과제에만 스포트라이트를 비추게 합니다. 그런데 생각해 보면, 주의력과 집중력이라는 조명을 사용하기 위해 먼저 선행되어야 하는 것이 있습니다. 그것은 '멈추는 능력'입니다.

주변에서 들려오는 음악 소리, 맛있는 냄새, 친구의 말소리, 그리고 내 앞에 있는 과제… 이렇게 많은 자극들 가운데 나에게 넓은, 혹은 좁은 조명을 통해 스포트라이트를 켜기 위해서는 먼저 잠시 멈추어 어떤 자극들이 나와 내 주변이 있는지 알아차려야 하는 것이지요. 아이들에게 주의력과 집중력이 얼마나 중요한지는 이미 많은 연구를 통해 밝혀졌습니다. 동시에 그동안 아이들의 주의력과 집중력을 향상시키기 위한 조명 또한 열심히 갈고닦아왔습니다. 이로 인해 좋은 조명을 만들어내는 연습을 한 아이들의 경우, 주의력과 집중력이 향상되는 면도 있었습니다. 그러나 주변 어른의 도움 없이, 어떠한 상황에서도 스스로 자신이 가진 주의력과 집중력 조명을 꺼내어 쓰기 위해 필요한 기본적인 기술은 안타깝게도 배우지 못해왔습니다.

이때 마음챙김은 잠시 멈추어 현재에 고요히 머물며, 나 자신과 주변의 자극을 열린 자세로 수용할 수 있도록 만들어줍니다. 비유하자면, 투광조명을 갖게 되는 셈이지요. 만약, 우리 아이가 투광조명을 갖고 있다면 어떤 일이 생길까요? 친구들과 축구를 할 때, 과학 실험을 할 때, 어렵게 느껴지는 수학 공식을 풀 때, 복잡하게만 느껴지는 글을 읽을 때, 아이들의 일상에서 단순히 그것에만 주의 및 집중을 기울이는 것이 아닌, 자신의 내면에서 일어나는 압박감, 초조함, 설렘과 같은 마음의 상태도 알아차릴 수 있게 됩니다. 즉, 투광조명을 통해 과제에 대한 자신의 불편한 마음까지 수용하며 자기 앞에 놓여진 과제를 더욱 침착하게 해낼 수 있게 되는 것이지요.

2) 산만한 원숭이 vs 고요한 원숭이

그렇다면 마음챙김은 어떻게 아이들의 주의력과 집중력을 향상시킬 수 있을까요? 이 질문은 다시 이렇게 해볼 수 있습니다. '잠시 멈추어 자신의 마음에 투광조명을 켜기 위해서는 어떻게 해야 할까요?'

이 질문의 대답은 바로 '닻'을 사용하라는 것입니다. '닻'이란 몸, 호흡, 신체감각, 이미지, 숫자, 단어나 문구 등 무언가 한 가지 대상에 주의를 기울임으로써 아이의 마음이 '지금-여기에' 머물도록 도와주는 것으로, 마치 닻이 배가 흘러가지 않도록 잡아주듯이 흔들리는 마음을 단단히 잡아주는 역할을 하는 것을 말합니다. 아이가 과제에 주의 및 집중하는 것이 어려운 이유는 머릿속에 떠도는 생각 때문입니다. "내가 과연 잘 할 수 있을까", "너무 어려워서 분명히 나는 못할 거야", "실수하면 친구들이 놀릴 거야", "아까 그 친구는 왜 그런 말을 했을까?"와 같은 과거와 미래로 뿔뿔이 흩어지는 생각들은 아이가 과제에 집중하는 것을 방해합니다. 이때 우리의 몸은 아이들에게 있어 현재를 있는 그대로 수용하도록 돕는 매우 훌륭한 닻이 되어줍니다. 주의력과 집중력이라는 것은 우리의 정신적 과정이기 때문에, 아이들의 정신이 서커스단의 날뛰는 원숭이처럼 방황하고 날뛰더라도 원숭이를 다시 데려와 얌전히 머물도록 도울 수 있습니다. 이때 아이들이 스스로 "내 손이 지금 차갑나? 뜨겁나? 지금 내 다리가 무겁나? 가볍나?"와 같이 몸의 감각에 주의를 기울일 때, 몸에 닻을 내리게 됩니다. 그리고 날뛰던 원숭이 같던 생각 또한 고요히 제자리로 돌아와 앉게 됩니다. 결국 앞서 했던 일이나 과제로 주의를 되돌리는 것이지요. 다시 말해, 마음챙김은 아이들의 떠도는 마음을 한곳에 머물도록 도와주는, 즉 날뛰는 원숭이에게 "나와 함께 앞서 했던 활동, 과제로 돌아가자. 잠시 지금-여기에 머물자. 그리고 차분히 집중해서 과제를 다시 해보자"라고 말을 건네는 것과 같습니다. 이처럼 마음챙김은 아이가 주의집중 유지를 어려워하고 정신이 분산될 때, 다시 과제에 주의를 돌리도록 도와주는 힘을 갖고 있습니다.

마음챙김 - 투광조명, 열린 자세로 한 가지 또는 여러 대상에 스포트라이트를 비추는 것. 분주한 원숭이 같은 마음을 지금-여기로 데리고 와 한 대상에 주의를 고정시켜

고요하게 머물도록 함.

주의력 – 넓은 조명, 여러 대상이나 자극에 스포트라이트를 비추는 것. 분주한 원숭이와 그 주변 세상을 비춤.

집중력 – 좁은 조명, 한 가지 대상이나 자극에 스포트라이트를 비추는 것. 분주한 원숭이 또는 그 주변의 나무 한 그루만을 비춤.

3) 주의집중력을 길러주는 마음챙김 기술

주의력과 집중력은 삶, 그리고 배움에 있어 꼭 필요한 매우 기초적인 기술입니다. 그렇기에 아이의 인종, 성별, 문화, 지적 수준, 장애 여부와 상관없이 모든 아이들이 삶에서 배울 수 있어야 합니다. 그리고 이러한 마음챙김의 핵심은 앞서 설명한 '잠시 멈추는 것'에서부터 시작됩니다. 이때는 '호흡'이 한 가지에 주의를 기울이기 위한 좋은 닻이자 도구가 될 수 있습니다. 들숨, 날숨과 함께 움직이는 몸의 변화를 느껴볼 수 있습니다. 혹은 들숨에 "나는", 날숨에 "편안해"와 같은 문구를 마음속으로 읊조리며 호흡에 집중하는 것도 좋습니다. 그리고 잠시 그 상태에 주의를 기울일 때, 아이들의 뇌는 편도체의 활성화가 둔화되면서 마음이 고요해집니다. 이렇게 고요해진 마음에 머물다 보면 머지않아 주변의 소음, 친구들의 목소리, 창밖에 차가 지나가는 소리, 어제 다 하지 못한 숙제, 친구 생일에 줄 선물 목록 등 수많은 생각들이 왔다 갔다 할 것입니다. 이때 아이들은 아마도 '주의집중력을 위해 마음챙김을 하는 중인데, 오히려 다른 생각이 더 많이 나다니 망했어!'라고 생각할 수도 있습니다. 하지만 이러한 마음속의 말들은 아이러니하게도 아이가 마음챙김을 충분히 잘 경험하고 있다는 증거입니다. 마음챙김은 주변의 자극과 내면의 생각을 차단하는 것이 아니라, 들려오는 소리, 내면의 생각을 알아차리는 것이기 때문입니다. 이때 중요한 것은 '되돌아오기'입니다.

흐트러진 주의를 되돌리는 법

1. 잠시 멈춘다.
2. 한 가지 대상에 주의를 기울인다.
3. 고요히 머문다.
4. 어떤 경험이든 있는 그대로 수용한다.
5. 생각이 분산되면, 부드럽게 다시 원래 대상으로 주의를 옮겨온다.

6. 이를 반복한다.

마음챙김은 아이들이 '앗, 방금 전까지 숙제하고 있었는데, 어느새 창문 밖 놀이터를 보고 있네' 하고 알아차리는 일입니다. 그리고 마음챙김은 '다시 마음을, 주의를 숙제로 돌려야지!' 하고 흐트러진 자신의 마음을 다시 원래 대상으로 부드럽게 옮겨오도록 합니다.

마음챙김은 신체적 운동, 즉 근력을 키우는 일과 같습니다. 그렇기에 매일 짧은 시간이나마 꾸준히 투자해서 조금씩 아이의 산만한 생각 원숭이를 고요하게 머물도록 하는 방법을 연습해 보는 것이 좋습니다. 잠시 편안한 장소와 자세를 찾아 앉은 뒤, 오른쪽 페이지의 안내에 따라 '호흡'이라는 한 가지 대상에 주의를 기울여보세요. 부모님이나 선생님이 따뜻하고 편안한 목소리로 안내해주셔도 좋아요. 이때는 그저 단순히 글을 읽어주는 것이 아니라 함께 마음챙김 수행에 참여해 아이와 함께 호흡에 주의를 기울이는 경험을 해보길 권합니다.

풍선 호흡

바닥에 허리를 붙이고 누워 양팔을 나란히 내려놓거나 배 위에 올려 놓으세요.

편안함이 느껴진다면 부드럽게 눈을 감거나 발끝을 바라보세요.

1. 가볍고 편안하게 숨을 들이쉬고 내쉬세요.
2. 이제 코 아래에 한 손을 대보세요. 숨을 내쉬면서 따뜻한 바람이 손등을 스치는 것을 느껴보세요.
3. 손을 코에서 가슴으로 가져가 보세요. 호흡하면서 가슴이 부풀었다 가라앉는 것을 느껴보세요.
4. 이제 손을 배로 가져가서 숨을 들이쉴 때 배가 마치 풍선처

럼 부풀어 오르는 것을 느껴보세요. 배가 풍선처럼 부풀어 오를 때마다 그 풍선이 원하는 색상으로 바뀌는 상상을 하면서 호흡해도 좋아요.

5. 숨을 내쉬면서 풍선에서 바람이 빠지는 것처럼 배가 수축되는 것을 느껴보세요.
6. 만약 이런저런 생각이나 기억이 떠오르더라도, 괜찮습니다. 원래 우리의 생각은 이리저리 날뛰는 원숭이랑 똑같아요. 그 순간 '원숭이가 떠올랐구나' 하고 알아차린 후, 다시 배로 주의를 가져오면 됩니다.
7. 배가 풍선처럼 부풀었다 줄었다 하는 것에 집중하면서 세 번 더 호흡해 보세요. 숨을 내쉬면서 각 호흡을 세어보세요.
8. 이제 편안한 자세로 누워 충분히 휴식하며 편안함에 머물러 봅니다.

♥ 호흡에 주의를 기울일 때조차 우리는 언제든 마음이 이리저리 떠돌 수 있습니다. 괜찮아요. 다시 여러분의 주의를 호흡으로(호흡을 느끼고 있는 배나 가슴 등의 몸으로) 가져오면 돼요.

무지개 색깔 탐정

방 안을 천천히 둘러보세요. 그리고 호기심 어린 마음으로 하나하나 원하는 색을 찾아 손가락으로 짚은 뒤, 그 색을 충분히 즐겨보세요. 서두를 필요는 없어요. 만약 무지개 탐정놀이를 하는 동안, 어떤 생각이나 기억들이 떠오르더라도 포기하거나 걱정할 필요 없어요. 들숨, 날숨으로 호흡을 조절한 후 다시 주의를 기울이고 있던 색으로 생각을 옮겨오면 돼요. 스포트라이트 빛을 비추듯, 이제부터 안내하는 색상을 찾아 그곳에 마음의 빛을 비춰보세요.

빨간색, (찾았다면) 들숨과 함께 색을 음미하고, 날숨과 함께 편안함을 느껴보세요.
주황색, (찾았다면) 들숨과 함께 색을 음미하고, 날숨과 함께 편안함을 느껴보세요.

노란색, (찾았다면) 들숨과 함께 색을 음미하고, 날숨과 함께 편안함을 느껴보세요.

초록색, (찾았다면) 들숨과 함께 색을 음미하고, 날숨과 함께 편안함을 느껴보세요.

파란색, (찾았다면) 들숨과 함께 색을 음미하고, 날숨과 함께 편안함을 느껴보세요.

남색, (찾았다면) 들숨과 함께 색을 음미하고, 날숨과 함께 편안함을 느껴보세요.

보라색, (찾았다면) 들숨과 함께 색을 음미하고, 날숨과 함께 편안함을 느껴보세요.

♥ 일상에서 마음이 분주하고 주의가 분산될 때 언제든 혼자서도 해볼 수 있어요. 꼭 색깔이 아니어도 괜찮아요. 여러분의 마음을 편안하게 해주는 것에 주의를 기울이면서 마음의 스포트라이트를 그 대상에 비춰보세요.

배움의 시작: 호기심과 창의력 높이기

1) 호기심을 잃은 아이 vs 호기심 어린 아이

우리도 어린아이였을 때를 떠올려보면 참으로 수많은 지식을 습득하고 기억할 수 있었다는 것을 알 수 있습니다. 공룡 이름을 최소 20개 이상 말할 수 있었고, 만화에 등장하는 수많은 캐릭터들의 이름 역시 모두 말할 수 있을 정도로 우리의 집중력과 기억력은 참으로 대단했었지요. 그런데 30대, 40대, 나이가 들어갈수록 이제는 공룡의 이름은커녕 어제 무엇을 했는지, 방금 본 내용이 무엇이었는지조차 쉽게 생각나지 않습니다.

어린아이와 어른의 기억력 차이의 가장 큰 원인은 (연령을 제외하고)바로 '호기심'입니다. 어린아이였을 때 우리는 세상의 작은 변화와 낯선 것에 호기심 가득한 마음으로 대하고, 배우고자 했습니다. 그런데 어느새 호기심을 잃고, 내가 이미 알고 있는(실은 알고 있다고 믿는) 정보에 근거하여 쉽게 판단하고 재단하게 되었습니다. 덕분에 빠르게 판단하고 결정할 수 있어서 어떤 면에서는 효율적인 문제 해결이 가능했고, 이러한 속도감은 빠르게 돌아가는 세상을 사는 데 도움이 되기도 했습니다.

최근 다양한 디지털 기기를 쉽게 접할 수 있게 되면서 이제는 아이들도 스스로 세상의 많은 정보와 다양한 자극을 습득할 수 있게 되었습니다. 미지의 세계에 대한 호기심마저 컴퓨터가 대신해주고 있기에 이제 상상의 즐거움도 사라진지 오래입니다. 디지털이 아이들의 삶에 주는 혜택이 많은 만큼 그 대가 또한 치르고 있는 셈입니다. 호기심의 상실 말입니다.

호기심은 아이들로 하여금 일상의 익숙한 것들을 새롭게 보도록 도와주고, 열린 자세와 태도를 기를 수 있도록 해줍니다. 아주 작은 예로, 매일 먹는 학교의 급식, 등굣길에 보이는 나무와 차들, 교실 속 매일 만나는 친구들과 선생님… 이렇게 일상에서 마주하는 사물이나 사람을 호기심 어린 태도로 대한다면 소소한 일상이 특별해지는 기쁨을 발견할 수 있을 것입니다. 또한 열린 태도는 곧, 아이들 자신뿐만 아니라 주변 친구, 선생님, 부모님, 학교 교실 등에 대한 '지루하다', '도움이 안 된다', '나를 힘들게 한다'와 같은 부정적 판단이나 생각을 내려놓도록 도와줍니다. 이때 아이들이 익숙했던 것들 사이에서 새롭고 다양한 면을 발견할 수 있게 되면, 넓은 관점과 조망 또한 갖게 됩니다.

마음챙김은 아이들로 하여금 자신과 주변 환경을 호기심 어린 태도로 바라보게 합니다. 선부른 판단과 재단하는 마음은 잠시 내려놓은 채 어린아이처럼 혹은 새로운 실험에 설레어 하는 과학자처럼 호기심을 갖고 대상을 바라보도록 도와줍니다.

그리고 호기심을 가지고 주변을 탐색하면 결국 익숙한 것들 사이에서 새로운 것을 찾을 수 있게 될 것입니다. 우리가 말하는 창의성은, 지금까지는 존재하지 않았던 무언가를 떠올리는 것뿐만 아니라, 우리 삶에 가까이 있었던 것들을 새로운 눈으로 재탄생시키는 힘을 말하기도 합니다. 마음챙김은 자신의 경험과 주변 환경을 제3자의 눈으로 바라보고 새로운 경험을 자각하도록 돕습니다. 내 자신의 경험은 내가 갖고 있는 생각과 판단이 들어가기 마련이지요. 하지만 한 발짝 물러나 다른 사람이 바라보는 것처럼 마음의 상태를 만들면, 대상을 있는 그대로 혹은 더욱 열린 관점에서 바라볼 수 있게 됩니다. 그렇다 보니 마음챙김은 우리가 어떠한 대상을 보다 넓은 관점에서 바라보도록, 그리고 새로운 것들을 발견할 수 있도록 도와줌으로써 창의성을 발달시키는 데 효과가 있다는 연구 결과도 있습니다.

2) 미래 환경 적응에 필수적인 삶의 기술, 창의성

이제 아이들에게 창의성은 21세기를 살아가는 데 있어 필수적인 삶의 기술로 이야기되고 있습니다. 우리 아이가 살아갈 미래는 새로운 과학적 지식과 전에 없던 복잡한 사회 문제들이 발생하는 시대일 것입니다. 아이들이 이러한 환경에 잘 적응하기 위해서는 변동성volatility, 불확실성uncertainty, 복잡성complexity, 모호성ambiguity의 문제와 싸워야 합니다(2018 OECD 발표 자료 참고). 그렇기에 아이들은 지금부터 새로운 가치를 창조할 수 있어야 하고, 긴장과 딜레마에 유연하게 대응할 수 있어야 하며, 책임감을 배워야 할 필요성이 있습니다. 그리고 이 모든 능력들에 요구되는 필수적인 기술은 바로 '자신에게 질문하고 대답하는 것'입니다. 즉, 호기심의 렌즈를 나 자신에게 비출 수 있어야 합니다. 이것은 새로운 이야기가 아닙니다. 우리가 알고 있는 철학자인 소크라테스도 공자도 모두 자신에게 질문하고 답하는 과정을 통해 우리가 배우고 성장할 수 있음을 말해준 바 있습니다.

요즘의 아이들은 답을 알고 있는 듯한 어른들에게, 혹은 디지털 기기에 질문하고 그들이 주는 답을 그대로 받아 적기에 급급해져 있습니다. 자신의 내면에 질문하는 것이 얼마나 어려운지, 자신이 무엇을 먹고 싶어 하는지, 커서 무엇이 되고 싶어 하는지, 지금 이 순간 내가 바라는 것이 무엇인지에 대해 스스로 대답하기 어려워하지요. 무엇보다 아이들이 자신의 내면에 질문을 던지는 일에 익숙해져야 하는 이유는, 그들이 고난과 고통에 직면했을 때 자신의 내면을 고요하게 만들고 건강하게 문제를 해결하기 위해서는 자신이 원하는 답이 어디에 있는지 스스로에게 묻고 답을 찾을 수 있어야 하기 때문입니다. 만약 아이가 스스로 "나를 편안하게 만들 수 있는 것은 무엇일까?",

"이 문제를 다르게 생각해 볼 수 있다면 어떨까?", "나와 친구에게 모두 이로운 방법은 뭘까?"와 같은 질문을 스스로에게 던질 수 있게 된다면 어떨까요? 아마 복잡하고 해결의 실마리가 없을 것 같은 문제에서도 수많은 해답의 가능성을 찾을 수 있게 될 것입니다. 그러니 창의성의 첫 시작은 바로 아이 스스로, 자신의 내면에 질문을 던지도록 만드는 것입니다. 아이가 어려운 상황을 헤쳐 나가야 하거나 혼란스러워할 때, "지금 너를 편안하게 만들 수 있는 것은 무엇일까?", "너와 네가 사랑하는 사람에게 모두 이로운 방법이 있다면 무엇일까?"라고 질문해주세요. 무엇보다 이러한 어른들의 질문에 아이가 끙끙거리며 고심하기보다는, 그저 수많은 가능성이 있다는 것을 수용하기를 바란다는 마음도 함께 전해주세요.

3) 삶을 이롭게 하는 창의성

어린 시절 우리가 갖고 있었던, 판단하지 않고 매 순간 열린 태도로 세상을 대했던 그 마음을 우리 아이들 역시 마음챙김을 통해 배울 수 있다면 얼마나 행복할까요? 아마 호기심 어린 태도로 자신과 친구들, 세상을 대하게 된다면 세상에 대한, 살아있음에 대한 감사함과 경이로움을 경험하게 될 것입니다. 진정한 창의성이란, 그 감사함과 경이로움을 밑바탕에 둔 열린 태도를 말합니다. 쉽게 말해, 따뜻하고 애정 어린 태도로 세상을 바라보는 것이지요. 우리가 아이들에게 바라는 것은 단순히 머릿속에 방대한 지식을 가진 사람으로 성장하는 것이 아니라, 따뜻한 가슴과 함께 머릿속에는 자신과 세상 사람들에게 이로운 지식으로 가득한 사람으로 성장하는 것입니다. 그렇다면 우리는 어떻게 아이를 따뜻하고 열린 태도를 가진 사람으로 성장시킬 수 있을까요? 그리고 그러한 과정이 아이의 창의성을 증진시킬 수 있다면, 우리는 무엇을 할 수 있을까요?

아이에게 따뜻한 창의성을 심어준다면, 그 삶은 경이로움과 설렘, 감사함으로 가득 찰 것입니다. 왜냐하면 아이가 성장하여 어른이 됐을 때 역시 다양한 갈등과 문제, 힘겨움으로부터 도망칠 수 없을 것이기 때문입니다. 그리고 진정한 창의성이란, 이러한 삶의 고통에서조차 희망을 발견하도록 도와주는 것이기 때문이지요.

그렇다면 창의성은 아이들의 학습에서 어떻게 발휘될 수 있을까요? 마음챙김 수행에 참여한 사람들이 경험하는 가장 큰 뇌의 변화는 바로 전두엽의 활성화입니다. 마음챙김을 통해 잠시 고요한 순간에 머물 때 우리의 감정을 담당하는 뇌의 변연계는 편안해집니다. 그리고 변연계는 이러한 정보를 전두엽에 보내며 이렇게 말합니다. "지금 너의 전두엽 책상에 가득 차 있는 것들을 모두 치우고 깨끗이 만들어"라고 말이지요. 상상해 보세요. 책상이 많은 물건들로 가득 차서 복잡하고 여유 공간이 없을 때, 그 위에 새로운 정보와 생각들을 올려놓을 수 있을까요? 당연히 어렵고 힘든 일이겠지요. 이때 마음챙김을 통해 고요한 순간에 머물 수 있게 되면, 생각, 판단, 문제 해결을 하는 전두엽은 드디어 어지러웠던 책상을 깨끗이 치우면서 새롭게 다양한 정보를 책상 위에 올려놓을 수 있는 환경을 마련해줍니다. 우리는 그동안 아이들의 창의성 증진을 위해 어지러웠던 책상을 깨끗이 치우기보다는, 그 복잡한 책상에 또다시 새로운 기술과 정보를 올려놓는 데 많은 시간을 할애해왔습니다. 창의성이라는 과제를 올려놓을 자리가 없었는데도 말이지요. 지혜로운 어른은 이렇듯 아이에게 어지러운 책상을 깨끗이 치우는 방법, 나아가 그 책상 위에 자신뿐만 아니라 타인을 이롭게 하는 지식을 올려놓을 수 있도록 안내해주는 사람이어야 합니다.

4) 열린 눈으로 바라보기

아이들을 위한 마음챙김의 핵심은 바로 열린 눈으로 자신과 세상을 바라보는 것입니다. 아이들이 시작과 끝, 성공과 실패, 좋음과 나쁨을 미리 판단하지 않고, 끝과 실패, 나쁨의 너머에 있는 것들을 볼 수 있는 것! 이것이 마음챙김이 아이들에게 전하고자 하는 핵심입니다. 열린 눈과 마음으로 자신과 주변 세상을 대하면, 보다 창의적이고 다양한 문제 해결 능력 또한 키울 수 있게 됩니다. 문제는 이미 닫힌 눈으로 세상을 보고 있는 어른들이 과연 아이들에게 이러한 것들을 가르쳐줄 수 있을까 하는 것입니다.

저의 조금 부끄럽지만 우스운 일화가 있습니다. 저는 아이가 5살, 6살이 될 때까지 한 번도 한글을 가르쳐 본 적이 없었습니다. 이제 곧 학교 갈 준비를 해야 하는 데 조급해지지 않느냐는 주변 엄마들의 물음에는 다음과 같이 답했지요. "지금 우리 아이가 한글을 읽지 못하기에 부모인 제가 얻는 엄청 큰 혜택이 있는데, 이것을 놓을 수가 없어서요. 키즈 카페에서 더 놀고 싶다고 조르는 아이에게, 안내문에 있는 추가시간 비용 공지 내용을 '이제 다 놀았으니 집에 가시오'라고 읽어줄 수 있으니 얼마나 좋나요?"라고 말이지요. 사실 조금은 편하게 육아를 하고 싶은 엄마의 이기심이 숨어 있는 대답이었지만 한편으로 제가 전하고 싶은 이야기는 다음의 일화에 숨어 있습니다. 아이가 어느 날 과자 하나를 먹었는데 맛있었는지 다음에 그 과자를 더 사다 달라고 부탁했습니다. 그런데 한글을 몰라 과자의 이름을 읽을 수 없었던 아이는 자신이 먹었던 과자의 맛과 향, 씹을 때의 바삭거리던 소리, 포장지에 그려진 그림과 다양한 색감 등 자신이 오감으로 경험했던 과자의 정보를 저에게 전달하면서 마지막에는 자신이 새로 지은 이름을 알려주었습니다. '매콤하지만 나중에 살살 녹는 과자'라고 말이지요. 그때 저는 아차 싶었습니다. 혹시 그동안 아이의 이해를 돕는다는 명분하에 앞서서 긴 설명을 늘어놓으며 아이가 스스로 경험할 기회를 방해한 것은 아니었는지, 또 아이가 자신의 경험을 바탕으로 사물과 현상을 파악하도록, 그래서 더 넓은 관점을 가질 수 있도록 충분한 시간을 허락해준 적이 있는지를 돌아보게 되었습니다.

몇 해 전, 한 초등학교 1학년 친구와 부모님께서 연구소에 내원했던 적이 있었습니다. 대기실에 앉아 있던 1학년 아이는 선반에 놓여 있던 미니 가습기를 보더니 호기심이 생겼던 모양입니다. 아이는 초롱초롱한 눈빛으로 생글생글 미소 지으며 딱 한마디를 부모에게 건넸습니다. "이거 뭐예요?"라고 말이지요. 하지만 들려오는 부모님의 대답은 폭격과도 같은 열 마디의 장황한 설명이었습니다. 이때 아이의 호기심 어린, 반짝이던 두 눈빛은 생기를 잃고, 눈동자가 이리저리 흔들리더니 곧이어 아이가 한숨을 푹 쉬기 시작했습니다. 그 이후 벌어진 일은 우리 모두 예상할 수 있는 장면입니다. "엄마가 말하는데 왜 또 집중을 못하고 다른 곳을 보고 있니? 집중해서 들어야지. 그리고 네가 궁금하다고 해서 말해주는데 왜 또 안 듣고 한숨 쉬고 그래,

너 때문에 엄마가 힘들게 설명하고 있잖아!" 결국 아이의 호기심은 부모님과의 언쟁을 불러일으키는 것으로 마무리되었습니다. 제가 우려하는 일은 그날 벌어진 아이와 부모님과의 갈등이 아니라 이를 계기로 그 아이의 삶에 '호기심'이라는 귀한 내적 자원이 사라져버리면 어쩌나 하는 것입니다. 호기심이 사라진 아이는 더 이상 자신의 감정도, 생각도, 주변의 변화에도 관심을 기울이지 않겠지요. 호기심을 잃은 아이는 더 이상 자신의 내적 세계에서 수많은 것들을 창조해내지 않을 테니까요.

만약 아이가 "이건 뭐예요?"라고 묻는다면, 먼저 아이가 열린 눈으로 그것들을 경험할 수 있도록 안내해주세요. 그리고 "그러게, 이건 뭘까?" 하고 말하며 지금 아이가 경험하고 있는 것에 같은 호기심을 가지고 바라보고 있는 어른이 있다는 메시지를 전달해주세요. 시간이나 여건이 허락된다면(설명이 꼭 나쁘다는 것은 아닙니다. 유연하게 어느 날은 설명을, 어느 날은 다음과 같은 대화를 나누기를 바랍니다.), "네가 먼저 경험해 보고 말해줘. 그리고 그것은 무엇이든 될 수 있어"라고 말해주는 것도 좋습니다.

만약 그날 대기실에서 미니 가습기에 초롱초롱 빛나는 눈빛으로 호기심을 보이던 그 아이에게 "엄마도 궁금하다. 도대체 이게 뭘까? 네가 뭔지 한 번 살펴봐. 그러고 나서 엄마한테도 뭔지 말해줘. 새로운 이름이 필요하다면, 너만의 이름을 붙여줘도 괜찮지"라고 말해주었더라면, 어떤 일이 펼쳐졌을까요?

창의성은 이렇게 우리가 이미 알고 있다고 판단했던 지식을 넘어, 새로운 것을 창조하는 것입니다. 하지만 새로운 것을 창조하기 위해서는 반드시 필요한 전제 조건이 있습니다. 바로 자신의 내적 경험입니다. 어떠한 정보도 없이 무無에서 유有를 창조하는 것이 아니라, 자신의 내적 경험들을 이런 모양 저런 모양으로 조작하고 연결시키고 통합하는 일련의 과정을 통해 새로이 만들어지는 과정과 산물이 바로 창의성입니다. 이제부터는 아이들이 열린 눈으로 많은 새로운 경험을 할 수 있도록 충분한 시간을 허용해주세요. 아이가 무한한 가능성을 수용하는, 그리고 열린 눈으로 자신과 세상을 대하는 어른으로 성장할 수만 있다면, 지금 이 시대를 살아가는 어른들은 상상조차 할 수 없는 멋진 세상을 만들어갈 것입니다.

다음 페이지에 우리 아이들과 함께 즐겁게 해볼 수 있는 마음챙김 활동이 있습니다. 이때, 아이들이 가져야 할 마음의 태도는 바로 '완벽하게 잘하려는 마음'을 잠시 내려놓는 것입니다. 아이들의 대답이나 활동이 어른들이 생각하는 것, 혹은 어른들이 계획한 것과 다를 수도 있습니다. 마음챙김은 정답을 찾는 것이 아닌, 아이들이 열린 마음의 태도를 갖도록 하는 데 있다는 것을 기억해주세요. 인간의 뇌는 신체와 매우 비슷해서 규칙적으로 운동을 하면 근육과 유연성이 길러지듯, 반복적인 마음챙김 수행은 아이들이 창의적으로 생각하고 세상을 새롭게 보는 관점을 기르는 데 도움이 된다는 사실을 거듭 마음에 새겨주세요. 마음챙김 활동을 반복적으로 즐겁게 해보면서, 마음과 정신의 유연성, 창의성과 같은 신경 회로와 그물망을 만들 수 있도록 도와주세요. 오른쪽 페이지의 마음챙김 활동 내용을 부모님, 선생님 등의 어른이 읽어주면서, 아이와 함께 이야기를 나누거나 활동을 해보길 바랍니다.

새로운 이름을 지어보세요

주변에서 익숙하게 보았던 물건이나 음식을 하나 골라보세요.

그리고 그것을 호기심 어린 마음으로 탐색해 보세요.

먼저 눈으로 탐색해 보세요. 색깔, 무늬, 모양은 어떤가요?

귀로도 탐색해 보세요. 소리는 어떤가요?

오른쪽, 왼쪽 귀에서 들리는 소리에 차이가 있나요?

코로도 탐색해 보세요. 냄새는 어떤가요?

오른쪽, 왼쪽 코에서 맡아지는 냄새에 차이가 있나요?

손으로 만져보세요. 무게는 가벼운가요? 무거운가요?

촉감은 어떤가요? 딱딱한가요? 매끄러운가요?

어떠한 느낌이든 그것을 있는 그대로 느껴보세요.

(음식이라면) 입으로 맛을 느껴보세요.

처음, 그리고 끝 맛의 차이는 어떤가요?

입안에서 느껴지는 음식의 질감이나 무게는 어떤가요?

무엇이든 지금 여러분이 경험하고 있는 것을 모두 환영해주세요.
그 경험을 바탕으로 그것에 새로운 이름을 지어보세요.

♥ 어떤 경험을 했든 모두 환영해요. 그리고 어떤 이름이든 모든 이름을 환영해요. 중요한 것은, 여러분이 열린 마음으로 그것을 경험했다는 것이에요.

그 끝에는 무엇이 있을까?

(원한다면) 아래의 질문에 아이들과 함께 대답해 보세요.

종이과 색연필을 준비해서 그림을 그리거나 써봐도 좋아요.

푸르른 하늘의 끝에는 무엇이 있을까요?

광활한 우주의 끝에는 무엇이 있을까요?

땅의 가장 깊숙한 곳, 그 끝에는 무엇이 있을까요?

바다의 가장 깊숙한 곳, 그 끝에는 무엇이 있을까요?

♥ 우리의 생각은 늘 열려 있어요. 쉽게 판단하고 제한하기보다는 더 많은 가능성을 상상해 보세요.

배움의 연결: 기억력 높이기

1) 배움을 연결시키는 기억력

기억력은 배움의 기초인 주의력 및 집중력과 매우 밀접하게 관련되어 있습니다. 주의력과 집중력이 여과망 혹은 깔때기 앞에 여과시키고 싶은 정보라면, 기억력은 여과된 정보를 그릇에 담아 보존하는 기술이기 때문입니다.

마음챙김을 통해 아이들의 주의력과 집중력이 향상되었다는 연구에 따르면, 기억력, 학습성취도 역시 함께 향상되고 있음을 알 수 있습니다. 기억력은 아이들에게 단순히 배움의 정보를 오랫동안 보관하는 것만을 뜻하지 않습니다. 사실 수많은 정보를 담고 있는 디지털 기기를 달고 사는 아이들에게 기억력, 즉 기억의 보존 기간이나 용량은 큰 의미가 없습니다.

우리가 아이들의 삶에 필요한 기술이라고 말하는 기억력이라는 것은, 정보와 정보 간의 연결, 정보 간의 조작, 인출을 쉽게 돕는 기술 등을 말합니다. 예를 들어 지금의 아이들은 각 나라의 수도를 힘들게 암기하지 않아도 인터넷으로 검색해서 쉽게 알 수 있는 세상에 살고 있습니다. 다만, 일본에 대해 내가 알고 있는 역사적 정보, 맛집 정보와 오늘 배우게 된 일본의 수도인 도쿄를 연결 지을 수 있는 능력이 지금의 아이들에게 요구되는 능력입니다. 지식 간, 정보 간의 연결 말입니다. 이를 통해 우리는 타인과 더 깊이 있는 대화를 나눌 수 있고, 더 풍성한 지식으로 확충시킬 수 있기 때문이지요.

그렇다면 마음챙김은 어떻게 아이들의 기억력에 도움이 되는 것일까요? 마음챙김을 꾸준히 훈련한 사람들의 뇌를 연구한 결과, '해마'의 크기와 기능이 증가되는 것을 발견했습니다. 해마는 기억과 학습에 관여하는 뇌의 영역으로, 연구에 따르면 꾸준한 마음챙김 훈련은 해마의 크기와 기능을 증가시키면서 기억력과 학습 능력을 향상시킵니다. 또한 마음챙김은 뇌의 서로 다른 영역 간의 의사소통을 향상시킴에 따라 더 나은 인지 기능 향상에도 기여하는 것으로 나타났습니다. 인간은 노화가 진행될수록 연령에 따라 뇌가 위축되는데, 몇몇 연구에서는 정기적인 마음챙김 훈련이 특히 기억력 및 인지 저하와 관련된 영역에서 뇌의 위축을 늦춰준다는 결과가 나타났습니다. 현재까지도 마음챙김이 어떻게 뇌에 영향을 미치는가에 대한 연구는 계속되고 있습니다. 물론 마음챙김 수행을 얼마나 오랫동안 지속해왔는지에 따라 그 효과나 효용성은 달라질 수 있습니다. 하지만 신경과학 분야에서 마음챙김이 뇌 구조와 기능에 긍정적인 변화를 가져오고, 특히 아이들의 주의집중력, 기억력과 같은 인지능력 향상에 긍정적이라는 결과는 명확합니다. 이러한 이유로 최근에는 아이들을 대상으로 한 마음챙김 기반의 중재나 프로그램들이 지적장애, 주의력결핍과잉행동장애ADHD와 같이 인지기능의 향상을 요하는 대상에게 활발하게 진행되고 있다는 점도 주목할 만한 사항입니다.

2) 마음챙김을 통한 기억력 높이기

앞서 말한 바와 같이, 단순히 기억 그릇의 크기를 키워주는 것이 아이의 기억력을 증진시키는 목적은 아닙니다. 기억의 그릇 안에 새로운 정보들을 넣고, 그 정보들을 긴밀하게 연결하여 '새로운 앎'을 창조하는 것이 복잡한 시대를 살아가는 아이들에게 더 필요한 종류의 기억력입니다. 이러한 정보들 간의 촘촘한 연결을 위해서는 분명 먼저 기억이라는 그릇 안에 정보가 잘 담겨 있어야 하겠지요. 그리고 기억 그릇에 정보가 잘 담기기 위해서는 '천천히, 깊이 있게 배우는 것'이 반드시 필요합니다.

어른이 되어도 여전히 기억하고 있는 어릴 적 지식과 정보가 있나요? 그 지식과 정보를 어떻게 10년, 20년이 지난 지금까지 잘 보관하고 있는 것인지 곰곰이 생각해 봅시다. 아마도 시간을 들여 천천히 읽고, 궁금하거나 의문이 가는 것이 있다면 되묻고 답했을지 모릅니다. 한마디로 '천천히 배우기'가 이루어졌다는 뜻이겠지요. 반대로 시험 하루 전, 몰아치듯 너무나도 많은 정보를 한꺼번에, 그리고 순식간에 살펴본 적은 없었나요? 그 당시 코피를 흘리며 몰아치듯 밤새워 암기했던 지식과 정보는 모두 어디로 흘러갔을까요? 이렇듯 요약본만 본 책은 기억의 그릇에 더 이상 남아 있지 않은 것처럼, 천천히 깊이 있게 배워야만 여과된 기억이 기억의 그릇에 남아 있을 수 있게 됩니다. 동시에 한 번 두 번, 같은 책을 여러 번 읽으면서 앞서 느끼지 못했던 감동을 느끼거나, 이해하지 못했던 문장의 의미를 이해하게 될 때 비로소 우리는 그 책을 온전히 읽었다고 느끼게 됩니다.

마음챙김은 아이들에게 배움의 과정에서 접하는 모든 것들을 충분히 음미하고 감상할 시간을 선사합니다. 눈앞에 있는 그림을 유심히 바라보기, 읽고 있는 책의 문구를 다시 한 번 마음속으로 읊조리기, 선생님이 들려주는 이야기를 처음인 양 호기심 어린 마음으로 경청하기 등 기억력을 높이기 위해서는 아이들이 서두르지 않고 천천히 자기 앞에 있는 자료와 정보 등을 살펴볼 수 있어야 합니다. 우리 아이들이 살아갈 세상에서 획일화된 정보의 나열, 즉 누가 더 많은 정보를 갖고 있느냐와 같은 경쟁은 더 이상 의미가 없습니다. 한 가지 정보에도 질문하고 배우고 느끼며 자신의 생각으로 재해석할 수 있어야지만 나름의 경쟁에서 살아남을 수 있을 것입니다. 마음챙김을 통해 지금 내가 듣고 있는 음악, 읽고 있는 책, 선생님의 목소리에 주의를 기울일 때 아이들의 기억 그릇에 그 경험과 정보는 더 선명하게 남게 됩니다. 아이들에게 천천히 배우고 마음에 깊이 새길 수 있는 시간을 허용해주세요. 아이들에게 “서두르지 않아도 돼”라고 말해주세요.

교육학자 닐 포스트맨Neil Postman은 “아이들은 물음표로 입학하여, 마침표로 졸업한다”고 말했습니다. 기억의 그릇에 무엇을 남기고 싶은지, 아이 스스로 배움에 대한 의욕과 열의가 없다면 기억력을 높이는 방법을 가르쳐준들 무슨 소용이 있을까요? 아이들 마음속에 잠들어 있는 ‘호기심’을 꺼내어 쓸 수 있도록 도와주세요. 읽었던 책, 알고 있다고 착각하는 지식에도 “어린아이처럼, 처음 접하는 것처럼, 탐험가처럼 배워볼까?”라고 말해 보세요. 이와 같은 마음챙김의 태도는 분명 아이들로 하여금 단순한 지식 습득을 넘어 세상에 필요한 정보들을 자기 그릇에 담고 삶에서 필요할 때 꺼내어 유용하게 쓰는 데 좋은 영향을 줄 것입니다.

천천히, 그리고 깊이 있게 사는 삶의 태도를 함께 배워보길 바랍니다. 부모님이나 선생님 역시 다음의 〈느리게 걷기〉 마음챙김 활동 안내문을 아이들에게 읽어줄 때 한 글자 한 글자 음미하며 ‘천천히, 깊이 있는’ 마음의 근육을 써보기를 바랍니다.

느리게 걷기

(아이와 마주 선다. 만약 3명 이상일 경우, 둥글게 모여 적절한 거리를 유지하며 선다.)

자, 이제부터 우리의 몸이 어떻게 움직이고 있는지를 볼게요.
우리 모두 둥그렇게 돌면서 움직일 거예요.
평소처럼 움직일 텐데, 대신 우리의 몸이 어떻게 느끼는지 집중해 보는 거예요.

(둥글게 원을 그리며 몇 바퀴를 걷는다.)

조금 더 천천히 걸으면서 방을 한 바퀴 도는 데, 이때 서두르지 않습니다. 천천히 걸어보세요.
바닥에 발을 내려놓을 때 어떤 기분이 드는지,
팔을 움직일 때 어떤 느낌이 드는지,
그리고 팔과 다리가 함께 어떤 식으로 움직이는지도 느껴보는 거예요.

이제 몸을 최대한 천천히 움직여봅니다.
한 걸음 내딛는데 긴 시간이 걸릴 수도 있어요.
우리는 서두르지 않을 거예요. 천천히 한 걸음, 한 걸음 걸으면서
이때 우리의 몸이 어떻게 움직이는지,
어떤 근육들이 반응하는지 호기심을 갖고 천천히 관찰해 봅니다.

이제 걷는 동안 주변의 사물, 사람이 보일 수도 있고,
또 소리가 들릴 수도 있어요.
새로운 것들이 보이거나 들리면 잠시 멈추어
어린아이처럼 호기심 어린 마음으로 그것을 관찰해 보세요.
또 천천히 그것을 관찰할 때의 느낌에도 주의를 기울여보세요.

그것이 주는 느낌이나 감동을 흠뻑 느껴보세요.

또 원한다면 천천히 걸으며, 몸에도 주의를 기울여봅니다.

이제 지금 있는 자리에 멈춰 서서, 편안하게 긴장을 푼 후 호흡합니다.

♥ 다시 한번 마음에 새겨보세요. 마음챙김은 운동과도 같다는 것을요. 반복해서 꾸준히 운동할수록 근육이 튼튼해지는 것처럼, 여러분의 마음이 천천히, 그리고 깊이 있게 배우는 근육이 되도록 일상에서 마음 챙겨 걷기를 실천해 보세요.

배움의 확장: 문제 해결 능력 높이기

1) 문제로부터 도망가기 vs 문제에 머물기

모든 사람의 삶이 그러하듯, 우리는 살면서 다른 사람과의 갈등, 언쟁, 오해, 예기치 못한 안 좋은 사건이나 고통 등을 피해갈 수 없습니다. 아이들도 마찬가지입니다. 학교에 입학하면서부터 겪게 되는 친구들과의 갈등, 학교와 학원 과제에 대한 압박, 내일 해야 할 일들에 대한 걱정 등을 피할 수 없습니다. 동시에 통제할 수도 없지요. 그런데 우리는 아이들이 늘 행복하기를 바랍니다. 조금이라도 아이들의 삶에 밝고, 긍정적인 것을 보태어주고자 이리저리 애쓰며 살고 있습니다. 하지만 이때 우리가 놓치고 있는 것이 있습니다. 문제를 피하고 도망치고자 긍정적인 것, 기쁘게 하는 것만을 좇는 방식은 결국 모두 실패하고 만다는 사실입니다. 우리는 사는 동안 끊임없이 맞닥뜨리게 되는 모든 문제를 다 피할 수 없습니다. 그런데 문제로부터 도망치는 법만 배우게 된다면 그저 도망자의 삶을 살게 될 것입니다. 그렇다면 어떻게 아이에게 도망자가 아닌 해결사의 삶을 살도록 도와줄 수 있을까요?

마음챙김은 먼저 고통을 마주하라고 이야기합니다. 용맹스러운 전사가 되어 고통과 싸우기 위해 마주하라는 것이 아닙니다. 삶에서 고통이나 문제를 만난 순간, 그저 잠시 고요히 머물며 고통을 딱 그 고통의 크기만큼만 느끼라는 것입니다. 삶에 닥친 문제가 더욱 버겁게 느껴지는 것은 대부분 문제 자체가 아닌, 문제에 더해지는 수많은 생각들 때문입니다. 예를 들어, 발표를 앞두고 아이가 긴장하며 초조해한다면 우리는 어떻게 마음챙김적인 대화를 건넬 수 있을까요?

먼저 문제가 닥치면 제일 먼저 몸의 변화에 주의를 기울이도록 도와줍니다. 아이에게 이렇게 말해줄 수 있습니다. "발표할 생각을 하니, 몸이 어때?"라고 말이지요. 바로 이때, 아이의 떠도는 생각('잘해야 해', '실수해서 친구들이 놀리면 어떡하지?' 등)들은 아이가 몸의 감각으로 주의를 돌리면서 자연스럽게 저 멀리 사라지게 됩니다. 그 다음에는 아이에게 "이 순간 너의 기분은 어때? 이름을 붙여줄 수 있어? 두려움? 불안? 초조?"와 같이 자신의 감정에 이름을 붙이도록 도와줍니다. 왜냐하면 감정은 감정일 뿐, 실제가 아니기 때문입니다. 감정에 이름을 붙이는 순간, 감정과 아이는 분리되어 아이가 감정에 압도되지 않을 수 있습니다. 그리고 지금 경험하고 있는 신체감각(심장 두근거림, 손에 땀이 남 등)과 감정(두려움, 초조함)으로 도망가는 것이 아닌, 이를 충분히 느낄 수 있도록 허용하며 여유를 제공해야 합니다. 그런 뒤 "만약, 네가 너무 사랑하는 친구가 너처럼 힘들어한다면 어떻게 위로해줄 거야? 그 말이나 행동을 너 스스로에게 한 번 해볼까?"와 같이 사랑하는 친구에게는 쉽게 건넸던 그 친절을 스스로에게도 베풀 수 있도록 안내해줍니다.

힘겨운 마음과 만나기

1. 고요히 몸의 감각에 주의를 기울인다.
2. 감정에 이름을 붙인다.
3. 감각과 감정을 허용한다.
4. 스스로에게 위로의 손길과 말을 건넨다.

("괜찮아", "많이 힘들었겠구나", "엄마가 옆에 있단다", 어깨 토닥이기, 어깨를 부드럽게 감싸 안기 등)

2) 마음챙김과 창의성, 그리고 문제 해결 능력

매주 수요일 오후 4시에 병원에 와서 심리치료를 받던 초등학교 2학년 남자아이가 있었습니다. 그 친구는 경계선 지능의 아동으로 작은 문제에도 쉽게 화를 내고, 학교에서 작은 일이라도 발생했을 경우엔 늘 씩씩거리며 상담실에 들어오고는 했습니다. 어느 날, 그 아이가 상담실 문을 벌컥 열고 들어오더니 의자에 앉자마자 "아, 짜증 나, 오늘 아무것도 안 할 거예요!"라고 말했습니다. 포유류는 집단 신경계를 가지고 있기에 아이의 짜증 섞인 그 말에 영향을 받은 저는 심리치료사임에도 불구하고 몸이 경직되고, 머리는 지끈거리며 가슴이 답답해지면서 불쾌한 감정에 휩싸이게 되었습니다. 그 순간, 아마도 저는 아이의 말 한마디에 '오늘 상담은 망했구나. 어떻게 이 상담을 이끌어 가지? 도대체 또 뭐가 문제인 것일까? 과연 내가 이 아이에게 도움이 되는 사람인가?'라는 검열을 해가며 스스로를 힘겹게 만들었던 것 같습니다. 그리고 이러한 경직된 제 모습을 느끼며 지금 나에게 가장 필요한 것은 무엇인지 스스로에게 질문했습니다. 저의 대답은 아주 간단했습니다. 바로 '호흡'이었습니다. 그리고 내 앞에 짜증 가득한 얼굴로 앉아 있던 아이에게 조금은 진솔한 목소리로 말했습니다. "너의 말을 듣는 순간, '과연 오늘 너와 무엇을 할 수 있을까? 내가 너에게 어떤 도움이 될 수 있을까?' 하는 걱정을 하며 선생님 마음이 조금 답답하고 무거워졌단다. 그래서 선생님에게 지금 필요한 것이 무엇인지 생각해 봤는데 숨쉬기였어. 깊은 숨쉬기를 하면 몸과 마음이 편안해지지. 그리고 우리의 뇌가 깨끗이 청소가 되면서 선생님이 너에게 도움이 될 만한 좋은 것들을 찾는 일이 더 쉬워지기도 해. 그런데 혹시 지금 너에게도 이런 숨쉬기가 필요할까? 원한다면, 한 번 같이 해보자"라고 말이지요. 다행히도 아이는 의심 반, 호기심 반, 그리고 걱정 반, 설렘 반의 마음으로 저와 함께 들숨과 날숨의 리듬을 느끼는 시간을 가졌습니다. 그네를 타듯, 파도의 밀물과 썰물이 들어오고 나가듯, 우리의 호흡은 상담실을 고요하고 편안하게 감쌌습니다. 아직도 그 순간이 제 삶에서 하나의 특별한 장면으로 기억되는 이유는 아마도 그 상황에서 벗어나려고 특별히 애쓰지 않고 힘들어하는 아이와 제가 마음의 평화를 맛보았기 때문인 것 같습니다. 여기서 중요한 것은 '애쓰지 않았다'는 점입니다. 아이와 제 마음의 차분함과 고요함, 편안함을 위해 우리가 했던 것은 그저 우리가 매일 하고 있고, 그래서 너무나 잘 하는 호흡, 그 하나였습니다. 이렇게 편안해진 마음을 얻게 된 우리는 드디어 문제 해결을 위해 머리를 맞대고 골똘히 생각해 볼 수 있었습니다. 지금은 편히 말할 수 있지만, 그때는 나름대로 심각했던 아이의 짜증의 원인은, 바로 배고픔이었습니다. 늦잠을 자느라 지각해서 아침을 먹지 못했고, 그날따라 점심에는 자신이 싫어하는 메뉴가 나와서 먹는 둥 마는 둥 하고, 하교 후에는 집에 갔더니 간식을 깜빡하고 준비해주지 못한 할머니로 인해 화가 나서 우유 하나만 마시고 병원에 왔던 것이었습니다. 그렇게 '배고픔'이라는 문제로 인해 다른 것들은 하나도 눈에 들어오지 않는 상태였던 것입니다.

실제 우리의 뇌는 편도체에서 어떤 위험 신호가 지각되면 본능적으로 도망가거나 싸우라고 몸에 명령을 내리도록 진화했습니다. 그렇다 보니, 이때 생각하고 판단하는 전전두엽의 기능은 잠시 정지하게 됩니다. 사실 이러한 이유로 아이든 어른이든 문제가 발생하면 학습해 두었던 해결 방법, 대처 전략, 도움을 청하는 방법 등은 모조리 사라지고 허둥지둥하며 문제에 휩쓸리게 되는 것이지요. 문제를 해결하기 위해서는 내 몸과 마음에 위험 신호가 아닌 안전 신호를 의식적으로 보내주어야 합니다. 마음챙김은 '배고픔'을 위험 신호로 받아들이고, 치료사와의 상담을 싸움의 대상으로 지각하고 있는 아이에게 '호흡하며 잠시 편안하고 고요한 마음을 가지고 네가 진짜 경험하고 있는 것이 무엇인지 들여다봐. 배고픔은 위험 신호가 아니야. 그저 배고픔이란다. 언제든 누구든 경험하는 감각 중 하나일 뿐이란다'라는 메시지를 전달합니다. 그렇기에 호흡을 통해 마음을 고요하게 만든 이 아이는 비로소 자신의 문제가 '배고픔'이라는 것을 알게 되었고, 그것을 해결할 인지적 상태가 준비된 것입니다.

또한 앞서 아이들의 전두엽을 어지럽혀진 책상에 비유해 보면, 마음챙김은 그 책상을 깨끗이 치우는 역할을 한다고 말했습니다. 깨끗이 치워진 아이들의 전두엽 책상은 이전에 보지 못했던 것들이 보이거나 새로운 것들을 올려놓을 수 있는 상태가 되지요. 그래서 창의성은 문제 해결 능력과도 매우 밀접하게 관련되어 있습니다. 왜냐하면 깨끗이 치워진 책상 위에 드디어 새로운 것들을 올려놓을 수 있게 되고, 그렇게 책상 위에 올려진 다양한 관점과 시각에서의 정보들이 문제를 해결하는 새로운 실마리가 될 수 있기 때문입니다.

앞서, 마음챙김을 통해 아이들의 전두엽을 깨끗하게 치우는 방법을 안내했다면, 이번에는 이렇게 깨끗이 치워진 아이들의 전두엽에 새로 넣을 수 있는, 문제를 해결하는 인지적 전략 몇 가지를 안내하고자 합니다. 처음에는 어려운 문제보다 가벼운 문제에 적용하고 활용해 보길 권해드립니다.

문제 해결 5단계

1단계: 문제가 무엇인지 그 핵심을 정의한다.

2단계: 문제를 해결할 방법을 다양하게 고안해 낸다.

3단계: 고안해 낸 다양한 방법마다 각각의 장점과 단점을 따져본다.

4단계: 다양한 문제 해결 방법 중 최선을 선택한다.

5단계: 선택한 최선의 방법을 시행한 후, 피드백을 한다.

문제가 무엇인지 정확하게 핵심을 파악하기 위해서는 우선 '멈추는 힘'이 필요합니다. 멈추지 못하고 감정에 휩쓸리게 되면 문제의 본질을 파악하기가 어려워집니다. 멈추게 되면 고요해지고, 그러면 문제의 핵심이 무엇인지 바라볼 수 있는 상태가 됩니다. 마음이 분주할 때 눈앞에 있는 물건을 보지 못하고 이리저리 찾아 헤매는 것과 같은 격이지요. 하지만 차분한 마음 상태에서는 오히려 보지 못했던 것조차 발견하게 되니, 문제의 정의를 위해서는 '호흡'과 같이 한 가지 대상에 주의를 기울이며 고요한 마음을 만들어보는 멈춤의 시간이 필요합니다.

두 번째는 문제 해결에 필요한 다양한 책략을 생각하는 것입니다. 이제 아이들의 전두엽 책상이 깨끗이 치워졌으니 스스로에게 질문해 봅니다. "만약 다르게 생각해 볼 수 있다면 어떤 방법이 좋을까?", "만약 내가 사랑하는 친구가 이 문제로 힘겨워한다면 나는 어떤 방법을 알려줄 수 있을까?" 하고 말이지요. 특히 자신의 문제라고 여겨지면, 생각의 조망이 좁아져 당장 눈앞에 있는 해결책만 찾게 됩니다. 하지만 사랑하는 친구, 소중한 사람의 문제라 상상하면 어느 정도 심리적 거리가 생기고, 그 사이에 수많은 책략들을 놓을 수 있게 됩니다. 이렇듯 관점이 바뀌면 아이들은 더 많은 정보를 생각해 낼 수 있고, 자신을 위해 더욱 객관적이고 장기적인 관점으로 좋은 해결책을 내놓을 수 있게 됩니다.

앞서 배고픔으로 인해 짜증 섞인 목소리로 상담을 거부했던 그 아이와 함께 머리를 맞대고 낸 다양한 해결책에는 이런 것들이 있었습니다. '물 배 채우기, 옆 상담실의 선생님에게 간식이 있는지 물어보고 빌려오기, 함께 마트 다녀오기, 오늘 상담은 취소하고 집에 가서 간식 먹기, 그냥 참기, 책상 서랍에 있는 작은 초콜릿 천천히 녹여 먹으며 배고픔 달래기'였습니다. 과연 이 아이는 어떤 방법을 선택했을까요? 아이가 생각한 다양한 방법 중 최선의 것을 선별하기 위해서는 세 번째 단계가 필요합니다.

세 번째는 고요하고 열린 마음의 상태에서 앞서 생각한 방법들에 대해 각각 장점과 단점을 분석하는 것입니다. 아이들의 마음의 속도는 대부분 빠르고 분주하게 흘러갑니다. 하지만 문제 해결을 위해서는 천천히 깊이 있게 고민하고 생각하는 시간이 필요합니다. 그러니 아이들에게 빠른 답을 재촉하기보다는 "만약 이 방법을 쓰면, 어떤 점에서 좋을까? 어떤 점에서 좋지 않을까?"와 같이 서로 묻고 답하는 시간을 충분히 가져야 합니다. 예를 들어, 배고픔에 상담을 거부한 아이는 물로 배를 채우겠다고 말했고, 이 방법의 장점으로는 '배가 부르다', 단점으로는 '여전히 배가 고플 수 있다. 게다가 물로 배를 채우면 집에 가서 간식이나 밥을 먹기 힘들다'는 단점을 말했습니다. 고안해

낸 방법들의 장단점을 하나씩 견주어 생각해 보고 나니, 어떤 책략이 자신에게 가장 최선인지가 보이기 시작했습니다. 결국 깊이 있게 차분히 생각하기 위해서는 가장 먼저 고요한 마음이 필요했던 것이지요.

네 번째 단계에서는 앞서 언급한 바와 같이 문제를 해결하기 위해서는 최고가 아닌, 최선의 방법을 선택해야 함을 깨닫는 것입니다. 아이든 어른이든, 모든 삶의 문제를 해결할 때 최고의 방법은 없을뿐더러, 그 당시 최고의 방법이었다 할지라도 시간이 지나 어느 순간에는 최악의 방법이 되어 있을 수도 있습니다. 그렇기에 앞선 세 번째 단계에서 다양한 해결책들의 장단점을 분석한 후에는 반드시 아이에게 말해주어야 합니다. "최고가 아닌, 지금 현재 상황에서 최선의 방법을 선택하는 거야. 네가 최선이라고 생각하는 것을 선택했다면 그것만으로도 충분해"라고 말이지요.

마지막으로 아이가 선택한 최선의 방법을 시행한 후, 피드백 시간을 가져보는 것입니다. 피드백은 아이가 한 행동의 결과만을 이야기하지 않습니다. 이번 문제와 갈등을 통해서 아이가 무엇을 배웠는지, 그 배움을 어떻게 느꼈는지, 만약 다시 이 문제를 해결할 기회가 주어진다면 또 어떤 다른 선택을 해볼 수 있을지, 만약 나뿐만 아니라 친구, 선생님, 부모님과 같이 주변 사람들에게도 이로운 방법이 있다면 그것은 무엇이 될 수 있는지 등 아이 내면의 성장을 돕는 대화의 시간을 갖길 바랍니다.

중요한 것은 문제를 해결하는 것이 아닌, 해결 과정에서 맛본 풍성한 배움이 아이의 삶에 깃들기를 바라는 마음입니다. 이것을 공식처럼 적용하기보다 각각의 단계에서 아이가 무엇을 경험하고 배우고 있는지에 주의를 기울여보세요.

09

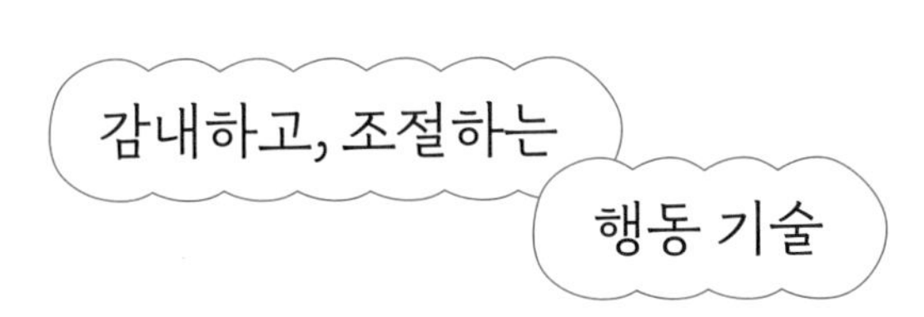

기다릴 줄 아는 아이

한국교원단체총연합회의 교사 대상 설문조사에 따르면, 코로나 팬데믹 이후 학교생활 적응이 어려운 아이들의 경우, '학교생활 규칙을 지키지 않음(59.5%), 친구들과 다툼이 잦음(40.3%), 결석, 지각, 조퇴가 잦아졌음(36.7%), 욕설, 폭력 성향이 높아짐(18.5%)' 등의 행동을 보이는 것으로 나타났습니다. 사실 팬데믹이 아니더라도 어느새 우리 아이들의 폭력, 중독 등의 문제 행동들은 점점 악화되고 교묘해지고 있는 것이 현실입니다. 그렇다면 이 문제를 우리는 어떻게 해결해 나갈 수 있을까요? 어른들은 아이들을 위해 무엇을 할 수 있을까요? 나아가 어른들은 아이들에게 어떤 삶의 양식을 가르쳐주어야 할까요?

사실 생각해 보면 코로나 이전에도, 10년, 20년 전에도 아이들은 학교생활, 친구 관계, 선생님과 부모님과의 관계, 시험, 숙제 등 다방면에서 스트레스를 겪으며 살아왔습니다. 특히 초등학교에 갓 입학하여 적응 중인 1-2학년 아이들은 유치원 생활과는 또 다른 환경에 더욱 초조해하며 많은 스트레스를 경험합니다. 아이들마다 스트레스를 느끼는 정도, 강도의 차이가 있을 뿐 대부분의 아이들이 낯선 경험에 따른 스트레스를 겪게 됩니다. 그런데 지난 10년, 그리고 코로나를 겪으면서 더욱 다양하고 심각해진 문제 행동들 가운데는 바로 '감내력(어려움을 참고 버티어 이겨내는 능력)의 저하'가 큰 원인으로 자리 잡고 있습니다. 다시 말해, 불편함이 느껴질 때 그것을 인내하는 능력이야말로 마음을 단단하게 하여 어떠한 스트레스 요인이 찾아와도 잘 헤쳐 나갈 수 있도록 도와준다는 것입니다. 하지만 기술의 발달로 인해, 그리고 더욱 편리해진 생활의 변화로 인해 아이들은 더 이상 무언가를 참고 기다릴 필요가 없어졌습니다.

친구와의 말다툼 후, 집에 돌아온 아이가 방에 들어가 혼자 씩씩거립니다. 마음이 무겁고 화가 나 있는 그 순간, 아이는 핸드폰을 발견합니다. 곧바로 친구에게 메시지를 보내면서 서운함, 분노의 말을 토해냅니다. 혹은 힘든 마음을 느낄 새 없이 유튜브나 SNS를 보며 디지털 매체가 주는 즐거움에 홀딱 빠져버립니다. 이 두 가지 방법은 모두 아이들로 하여금 지금 이 순간 자신의 힘겨운 마음, 스트레스로부터 멀어지게 합니다. 아이들에게 너무나 달콤한 방법이지요. 그 순간 힘겨움은 사라지고, 욕설과 함께 쏟아내는 후련함과 통쾌함, 그리고 SNS를 보며 느끼는 황홀감이 어느새 아이 마음을 차지하게 되니까요. 생각해 보면, 어른들 또한 아이들이 힘든 마음을 말할 때 "그만 잊어버리고, 빨리 와서 간식 먹고 힘내"라며 나름의 위로와 해결책을 제시합니다. 그러나 위로로 포장된 이러한 말들에는 "고통은 느낄 필요 없어. 그것은 너를 힘들게만 할 뿐이야. 그러니 빨리 너를 기분 좋게 만드는 다른 무언가로 도망치렴"이라는, 잘못된 가르침이 숨어 있을 수도 있습니다.

친구와의 문제로 힘들어하는 아이에게 우리는 어떤 친절한 말을 해줄 수 있을까요? 바로 "지금 네 마음이 힘들구나. 이 순간 내가 함께 있단다. 너의 고통과 함께할게. 그러니 함께 힘든 이 순간에 고요히 머물러 보자. 구름이 흘러가듯 시간도 흐르고, 또 너의 힘든 마음도 흘러갈 테니 말이야"와 같은 마음을 전해주어야 합니다. 자신의 힘든 마음을 온전히 느끼고, 그 마음에 머무르며, 감내해 보는 것! 이것이 마음챙김을 통해 아이들의 마음을 보다 단단하게 만들어주기 위한 첫걸음입니다.

그렇다면 이러한 감내력은 우리 아이들의 마음을 어떻게 단단하게 해줄까요? 아이든 어른이든 달리기를 하다 보면 숨이 가쁘고 근육에서 열감이 오르는 등 몸에서 다양한 불편함을 느끼게 됩니다. 하지만 그 순간 힘들다고 달리기를 멈추고 털썩 주저앉아버리면 근력과 체력은 늘 제자리겠지요. 그 힘듦을 견뎌야만 다시 달릴 수 있는 힘이 생기는 법입니다. 그리고 이러한 원리는 아이들의 마음 근육에도 적용됩니다. 친구와의 말다툼 후 마음에 찾아온 서운함, 억울함, 질투, 짜증, 분노, 슬픔을 감당하기 힘들다고 소리 지르며 힘겨움을 쏟아내거나 핸드폰, 게임으로 도망쳐버리면 아이의 마음에는 힘겨움이 잠시 머물 순간조차 사라져버리게 됩니다. 이때 마음챙김은 마음에 찾아온 스트레스, 힘겹고 버거운 감정에 아이가 잠시 머물수 있도록 도와줍니다. "지금 내 마음에 찾아온 힘겨움은 무엇이지? 지금 내 마음에 어떤 감정 손님이 찾아왔지?" 하고 아이 스스로 자신의 마음에 호기심 어린 질문을 던져보는 것, 그리고 그 대답을 있는 그대로 듣는 것이 마음챙김입니다. 그리고 만약 그 대답이 아이를 힘들게 하는 '슬픔, 분노, 짜증, 서러움'일지라도 쉽게 "나는 이런 힘든 기분은 싫어. 이런 감정은 느끼기 싫어" 하고 판단하기보다는, 힘겨운 감정의 양, 농도, 질감 등을 느끼며 잠시 그 감정에 머무는 시간이 필요합니다.

힘겨운 감정도 즐거움, 편안함, 반가움과 마찬가지로 모두 잠시 머물다 가는 손님과 같습니다. 실제로 어떠한 감정이든 그것을 통제하기보다는 수용할 때, 우리는 더 많은 혜택을 얻을 수 있습니다. 힘겨움이 무엇인지 알 수 있을 뿐만 아니라 그것을 감내하는 힘을 얻고, 그러한 감내의 근육이 커질수록 더 큰 어려움을 이겨내며 보다 많은 도전을 할 수 있도록 도와주기 때문이지요.

아이들에게 이렇게 말해주어야 합니다. "너에게 힘든 마음이 찾아왔을 때, 잠시 멈추어 너의 몸과 마음에 친절하게 물어봐. 몸의 어디가 불편해? 어떻게 느껴져? 그 힘겨움은 어떤 색깔이야? 무슨 모양이야? 그리고 조용히 그 대답을 들어봐. 대답을 들은 후, 너 자신에게 이렇게 말해줘. '힘겨운 마음아, 안녕~ 잘 가.' 모든 힘겨운 마음들은 구름처럼 시간이 지나면 전부 다 지나간단다. 네가 해줄 수 있는 것은, 그저 '잘 가'라는 작별 인사야"라고 말이지요. 이러한 감내와 인내, 기다리는 힘은 우리 아이들의 마음을 더욱 단단하게 성장시킵니다. 다음에 소개하는 마음챙김 활동을 아이들과 함께하면서 아이들이 자신의 마음에 찾아온 힘겨움에 잠시 머물 수 있도록 따뜻하고 친절한 목소리로 안내해주세요.

안녕, 구름들아!

모든 사람들이 때때로 슬픔, 불안, 고통을 느낍니다. 우리는 하고 싶은 것을 할 수 없을 때, 혹은 다른 사람이 슬퍼하거나 괴로워하는 것을 볼 때 마음이 힘들다고 느낍니다. 마음챙김은 여러분이 힘든 마음과 잘 지내는 법을 배우고 그 감정이 영원히 지속되지 않는다는 것을 기억하도록 도와줍니다.

1. 앉거나 서거나 누울 수 있는 편안하고 조용한 장소를 찾아보세요. 준비되었다면, 두 세 차례 깊게 숨을 들이쉬고 내쉬어봅니다.

2. 여러분이 힘겨운 마음을 느꼈던 때를 떠올려보세요. 10점

만점 중 3점 이하 정도의 작은 힘겨움이 느껴졌을 때를 떠올려보세요. 스스로를 너무 많이 힘들게 하는 마음은 선택하지 않습니다.

3. 이제, 여러분 자신을 넓고 높은 파란 하늘이라고 상상해 보세요. 내가 보았던 하늘도 괜찮고, 영화나 그림에서 보았던 하늘도 좋습니다. 아니면 여러분 상상 속의 어떤 하늘이라도 괜찮습니다.

4. 그 하늘에 구름이 천천히 둥실둥실 몰려옵니다. 어쩌면 그 구름들 중에는 슬픔의 폭풍 같은 비구름이 있을지도 몰라요, 하지만 괜찮아요. 그저 구름일 뿐입니다.

5. 이제 여러분은 이 구름들에게 인사를 합니다. "안녕, 구름들아! 안녕, 마음들아!"

6. 잠시 코로 숨을 깊게 들이마시고 내쉬면서, 상상 속의 구름을 계속 지켜보세요. 아마도 새로운 감정의 구름이 또 몰려올 것입니다. 이번에는 걱정, 혹은 화 구름일 수도 있어요. 괜찮아요. 그저 구름일 뿐이에요. 이 구름들에게도 인사를

건네보세요.

7. 구름이 거기에 머무는지 혹은 이동하기 시작하는지 잠시 멈추어 살펴보세요. 그저 호기심을 갖고 관찰해 보세요.

8. 모든 구름이 그러하듯, 그 자리에 멈춰 있거나 고정되어 있는 구름은 없어요. 속도와 방향이 다를 뿐 제각기 움직이는 구름에게 이번에는 작별 인사를 건네보세요. "잘 가 구름아, 잘 가 마음아!" 이렇게 말이지요.

9. 지나가는 구름에게 작별 인사를 건네었다면, 이번에는 마음이 힘들 때 여러분은 뭘 하고 싶은지 잠시 떠올려보세요. 친구, 부모님, 또는 반려동물과 이야기하고 싶을 수도 있습니다. 슬플 때는 마음껏 눈물을 흘리거나, 그림을 그리고 싶을 수도 있습니다. 또 어쩌면 여러분이 아끼는 사람과 포옹하는 것을 바랄 수도 있습니다. 나 자신을 향한 친절하고 안전한 행동은 여러분의 힘겹고 슬픈 감정의 구름을 바람처럼 날려버릴 수 있도록 도와줄 거예요.

10. 스스로의 감정을 알아차릴 때 우리는 그 감정에 대해 더 호

의적일 수 있습니다. 그리고 그 감정들은 영원히 지속되지 않아요. 모두 구름처럼 왔다가 서서히 사라진다는 것을 기억하세요.

♥ 아이가 눈을 감고 상상하는 것을 힘들어해도 괜찮아요. 눈을 뜨고 함께 그림을 그리면서 대화하며 상상할 수 있도록 안내해주셔도 좋습니다.

가만히 멈추어 생각하는 아이

어린아이일 때 했던 생각들은 대부분 '무엇을 먹을까, 무엇이 재미있을까, 엄마한테 무엇을 달라고 할까' 정도였다면, 초등학교에 입학한 아이들의 생각은 너무 복잡해지고 다양해졌습니다. '오늘 숙제를 미루면 어떻게 될까? 친구에게 서운한 마음을 어떻게 관계가 깨지지 않게 말할 수 있을까? 엄마에게 오늘 있었던 일을 숨기려면 어떤 작전을 짜야 할까?' 등 어른들이 보기에는 아직도 작은 그 머리 안에 어떻게 그런 오만가지 생각들이 들어 있는지 신기할 정도로 다양하고 복잡한 생각들이 얽히고설켜 있습니다. 이런 복잡한 생각을 하는 당사자인 아이들은 더 답답하고 분주하겠지요. 그래서 아동기 아이들에게 필요한 삶의 지혜와 방법 중에는 '명료하게 생각하기'가 있습니다.

사실 명료하게 생각하는 일은 어른들에게도 삶의 과제이자 풀지 못한 숙제처럼 남아 있습니다. 어른들의 머릿속도 쉬지 않고 수많은 정보들을 처리하고 해결하려고 애쓰고 있으니까요. 하지만 이제는 비단 어른들만의 문제가 아닙니다. 우리 아이들도 복잡한 현대사회를 살아가며 아주 많은 정보들을 처리하게 되었으니까요. 또 매일 새로운 정보들이 쏟아져 나오면서 어제 열심히 애써서 배웠던 내용이 달라지고 바뀌기도 합니다.

그렇기에 아이들도 쉼 없이 생각하며 혼란스러움과 싸우고 있는 것이죠.

생각이 많고 머리가 무거운 날은 몸도 무거워집니다. 얼굴과 어깨 근육은 더욱 긴장되며 딱딱해지고 한숨 또한 쉴 새 없이 나오지요. 또 마음은 어떨까요? 짜증과 답답함, 뭔가에 쫓기는 듯한 불편함과 싸우게 됩니다. 그렇기에 아이들의 생각이 조금은 가벼워지고 명료해질 수 있다면 그것은 단순히 생각의 변화뿐만 아니라 몸과 마음의 건강을 지키는 데에도 도움이 됩니다.

아이들이 생각을 명료하게 하지 못하도록 방해하는 요인 중 하나로, 잠시 가만히 있을 기회나 시간, 장소의 부족을 말할 수 있습니다. 그리고 방법을 모르는 것도 이유입니다.

어른들도 생각이 복잡해지면 산이나 바다로 떠나 잠시나마 아무런 자극이 없는 곳에 머물려고 합니다. 바람도 느끼고, 멀리 내다보이는 산의 푸름을 만끽하고, 무엇보다 새소리, 파도 소리와 같이 생각, 판단, 해석이 필요 없는 그저 '소리' 자체를 음미하면서 뇌에 휴식을 선물하는 것이죠. 이렇듯 충분한 휴식을 취할 때 복잡했던 생각들이 정리되는 경험을 해보았을 거예요. 뇌에 여유와 휴식을 제공하면, 생각하는 뇌의 부위에 공간이 마련되고 이때 우리는 번잡하게 어질러져 있던 정보들을 하나씩 필요한 곳에 배치할 수 있게 됩니다. 또 뇌에 여유 공간이 생기니 이전에는 생각하지 못했던 새로운 해결책이나 창의적인 방안들도 들여놓을 수 있게 됩니다. 그래서인지 산으로 바다로 떠나 잠시 휴식을 취한 후 바쁜 일상으로 돌아오면, 이전보다 조금은 머리가 가벼워지고 의욕도 생기는 듯하며, 특히 이전에 해결하지 못했던 일들을 하나씩 해결해 나갈 수 있는 힘을 얻게 되기도 합니다.

아이들에게도 환경적, 물리적인 휴식을 제공해주어야 합니다. 가만히 머물러 생각할 수 있는 힘을 길러주기 위해 아이들에게 물리적, 환경적, 인지적 휴식을 취할 수 있는 공간과 시간을 마련해주세요.

가정이나 교실 등 우리 아이들이 머무는 공간에 작게라도 외부 자극이 적은 곳을 만들어주는 것이 좋습니다. 저는 아이 방에 'mindfulness zone'을 만들었는데, 작은 원형의 카펫 위에 푹신푹신한 쿠션과 부드러운 인형 몇 개가 놓여 있는 것이 전부인 작은 공간입니다. 저와 아이에게 이곳은 하루 중(특히, 잠들기 전 이곳을 자주 찾지요) 아무 때나 아무 생각 없이 같이, 혹은 아이 혼자 인형을 만지작거리거나 창문 너머 밖을 보면서 말 그대로 멍하니 앉아 있을 수 있는 장소입니다. 뇌도 근육과 마찬가지여서 자꾸 사용해야 활성화됩니다. 이때 '어떻게 생각할까, 무엇을 판단할까'의 뇌가 아닌, '휴식하는 뇌, 깨끗하게 청소하는 뇌'를 활성화시켜야 합니다. 깨끗하게 청소된 여유 있는 뇌를 가진 아이야말로, 그 공간에 무한한 새로운 가능성을 올려놓을 수 있습니다.

물리적 자극에도 뇌에 여유 공간을 만들어 놓을 수 있는 재료들을 준비해주세요. 정해진 규칙이나 경쟁을 유도하거나 쉽게 단정 지을 수 있는 것들이 아닌, 그 무엇이든 될 수 있는 것들을 아이의 방이나 책상 서랍, 'mindfulness zone'에 두세요. 엄마 아빠와 함께 갔던 바닷가에서 주운 조약돌이나 조개껍질, 하굣길에 주운 낙엽들, 문방구에서 산 슬라임과 같이 아이들이 생각이 아닌, 몸의 감각을 통해 보고, 만지고, 냄새를 맡아볼 수 있는 것들이면 됩니다. 우리가 하늘을 보며 구름의 속도를 계산하거나 바람을 느낄 때 온도를 계산하지 않고 그저 편안하게 느끼듯이, 아이들에게도 그저 느끼고, 냄새를 맡고, 만지면서 감각을 통해 느껴지는 정보들을 목적 없이 편안하게 음미할 수 있는 환경을 선물해주세요.

복잡한 시간과 장소에서도 아이가 스스로 자신의 정신, 마음의 세계에 쉼과 휴식을 줄 수 있는 태도를 가르쳐줍니다. 하루 중 길을 걷다가도 자기만의 마음챙김 신호를 정한 후, 그 신호가 보이면 잠시 멈추는 마음챙김의 실천을 해보세요. 예를 들어,

노란색을 좋아하는 아이는 길을 걸어가다 노란색이 보이면 잠시 멈추어 그 노란색을 즐기는 시간을 갖습니다. 노란색 꽃, 노란 표지판, 노란 가방, 노란 바나나… 모두가 같은 노란색이 아니듯, 다양한 노란색의 명암, 채도, 색감 등을 충분히 즐기는 겁니다. 이렇게 자신만의 마음챙김 신호를 정하면 바쁜 일과 속에서도 간단하고 쉽게 마음챙김을 경험할 수 있게 됩니다. 이 말은 곧 등교, 하교, 숙제하는 시간 등 바쁜 하루 중 스스로에게 쉼과 휴식을 줄 수 있게 된다는 뜻입니다. 그야말로 아이들이 자신의 삶을 멋지게 살 수 있는 마음의 태도를 가르쳐줄 수 있는 기회인 것이죠.

아이들이 잠시 멈추어 서서 자신의 내면에 생각의 깊이와 넓이를 더할 수 있는 또 다른 방법은, '지금 이 순간 나에게 필요한 것은 무엇일까?'라는 질문을 던져보는 겁니다. 즉, 자기 스스로에 "나에게 필요한 것은? 친구에게 필요한 것은? 우리에게 필요한 것은?"이라는 질문을 따스하게 건네보는 것입니다. 또 필요하다면, "나와 친구에게 상처주지 않고, 따뜻하게 말할 수 있는 방법은 무엇일까? 내가 만약 이렇게 행동한다면 선생님 마음은 어떨까? 만약 내가 좋은 행동, 다른 행동을 할 수 있다면 어떤 게 있을까?"와 같이, 그 순간 자신과 타인, 주변 세상에 필요한 좋은 행동을 스스로 묻고 답할 수 있어야 합니다. 사실 앞서서 잠시 멈추는 방법을 안내한 이유도 여기에 있습니다. 아이가 자신의 내면에 질문을 던졌다면, 더 중요한 것은 그에 대한 답을 들을 시간을 충분히 허용해주어야 한다는 것입니다. 엄마, 아빠, 언니나 형, 선생님, 친구의 대답이 아닌 자기 내면의 대답을 듣기 위해서는 충분한 시간과 인내가 필요합니다.

실패, 낙담에도 다시 일어나는 아이

거대하고도 수많은 과업이 주어지는 학교라는 곳은 아이들로 하여금 수많은 좌절과 실패를 경험하게 만듭니다. 그리고 늘 실패하는 자신을 발견하면서 아이들은 스스로를 향한 분노, 짜증, 차마 인내할 수 없는 불편함을 마주하게 됩니다.

'괴짜 교수'로 알려진 카이스트의 이광형 총장은 2021년도에 부임해 '카이스트 실패연구소'를 설립하고, '실패 주간'을 지정해 학생들이 서로 공부·연구·과제를 하며 실패한 경험을 공유하고 망한 과제를 자랑하도록 하는 행사를 기획했습니다. 실패 주간 행사에서는 '망한 과제 자랑하기, 망한 작품 전시하는 사진전' 등이 열리고, 각 발표회 현장의 참석자인 학생들이 투표를 통해 심사 후 시상도 합니다. 준비된 상에는 '마상(가장 마음 아픈 실패를 발표한 친구에게 주는 상)', '떡상(가장 응원하고 싶은 발표자에게 주는 상)', '연구대상(실패를 가장 흥미롭게 잘 풀어서 설명해 준 친구에게 주는 상)'이 있지요. 또한 리서치 프로젝트를 줄 때는, 단 30퍼센트 정도의 성공 가능성이 있는 프로젝트를 준다고 합니다. 이 모든 이유는 도전 정신에는 늘 '실패'가 함께 존재함을 알기 때문입니다.

정말 '실패가 성공의 어머니'일까요? 건강한 실패에는 하나의 조건이 필요합니다. 바로 내면의 힘이 있어야 한다는 것입니다. 즉, 실패를 경험했다 할지라도 도전하는 아이가 되기 위해서는 이러한 내면의 힘을 기반으로 창의력, 지성과 지혜가 얹어져야 합니다. 다시 말해 실패에서 중요한 것은 실패 자체가 아니라, 그 실패를 마주하고 온몸으로 받아들이고 다시 일어서서 도전하는 내면의 힘을 기르는 과정입니다. 그 내면의 힘은 어떻게 자라날 수 있을까요? 바로 다시는 보고 싶지 않은, 그리고 피할 수만 있다면 피하고 싶은 그 실패를 들여다보게 하는 인사이트를 통해서입니다.

저의 아이가 용돈을 모아서 사고 싶어 했던 장난감 하나를 드디어 샀습니다. 포장지를 뜯고, 딱 한 번 땅에 굴린 그 순간, 실들이 모두 엉키면서 결국 장난감으로서의 구실을 하지 못하게 되었지요. 더 큰 문제는 그 다음에 일어났습니다. 아이는 엄마인 저에게 빨리 이 상황을 해결하라며 장난감을 휙 던졌고, 짜증과 조급함으로 가득 찬 말투로 소리를 지르기 시작했습니다. 아이에게 이 작은 실패는 분노, 짜증, 조급함, 나아가 실을 풀지 못하는 엄마를 향한 미움과 답답함으로까지 번져 갔습니다. 아마도 이는 모든 가정에서 흔히 볼 수 있는 풍경일 것입니다.

이때 어른들의 마음은 '행위 모드doing Mode'로 작동되면서 아이의 반항적인 말투, 장난감을 던지는 행동의 원인을 찾거나 이를 교정하기 위해 날선 말로 아이를 훈육하게 됩니다. "왜 말투가 그래? 그럴 때 어떻게 행동하라고 가르쳤니? 어떻게 말하고 행동해야 할까? 뭐가 또 불만이어서 그러니?"와 같이 말이지요.

그런데 만약 이 순간, 우리 아이들에게 마음챙김의 태도를 안내할 수 있다면 얼마나 좋을까요? 앞서 말한 실패를 끌어안은 채 다시 일어서는 내면의 힘을 키울 수 있다면 얼마나 좋을까요? 우리 아이들은 작은 실패와 낙담에도 장난감을 던져버리는 것처럼 쉽게 좌절해버립니다. 그런데 이때 마음이 단단한 아이는 이러한 작은 실패와 낙담에도 일어날 수 있습니다. 그리고 장난감의 실이 엉켜버리는 것처럼 일이 뜻대로 풀리지 않는 삶의 순간마다 다시 일어설 수 있을 것입니다. 그러니 실패, 낙담에 머물기 위한 방법을 보여주고 안내해주어야 합니다.

아이들은 언제 다시 시도하고 도전하는 의욕을 느낄까요? 바로 '안전감'이 느껴질 때입니다. 자기 스스로를 안전한 곳에 머물도록 도와주어야 합니다. 그래서 실패와 낙담으로 인해 위축되거나 화, 짜증이 느껴졌을 때 그 순간의 불편함 마음을 알아차리고 안전함이 느껴지는 행동을 스스로 해볼 수 있도록 안내하는 것이 필요하지요. 사실 복잡하고 빠르게 변화하는 세상에서 살아가는 아이들은, 우리가 어렸을 때 경험했던 것보다 더 크고 많은 실패를 경험하며 살고 있습니다.

아이들의 마음을 단단하게 만들어주는 힘은 '회복탄력성'에 달려 있습니다. 회복탄력성은 '역경을 경험했거나 경험하면서도 이전의 적응 수준으로 돌아오고 회복할 수 있는 능력'을 뜻합니다. 실패와 낙담에 쓰러졌을 때 일어서서 무릎을 털고 다시 달려 나가는 힘입니다. 그리고 어린 시절에 배운 회복탄력성은 분명 아이가 어른이 되었을 때 역시 자신의 삶을 지키는 귀중한 도구가 되어줄 것입니다. 아이들의 회복탄력성의 증진시키는 마음챙김 대화를 소개합니다.

회복탄력성 증진을 위한 마음챙김 대화

1. 아이의 몸과 마음 알아차리기

"날뛰고, 소리 지르며, 발을 쿵쾅거리고, 입에서 불이 뿜어져 나오는 듯한 공룡의 마음일까?"
"아니면 아무것도 할 수 없다는 슬픔, 몸에 힘이 빠지거나 심장이 두근두근 뛰는 두렵고 불안함이 느껴지는 고양이의 마음일까?"
"지금 너의 마음이 공룡인지 고양이인지 알기 위해서는 잠시 너의 몸을 느껴봐야 해. 몸을 느끼면서 마음을 확인해 봐."

2. 아이 마음을 편안/안전하게 해주는 자원들 찾기

"너는 어떤 말/소리를 들을 때 마음이 편안하니? 새소리? 어떤 노래?"

"너는 어떤 촉감을 느낄 때 마음이 편안하니? 곰돌이 인형? 따뜻한 이불?"
"너는 어떤 색이나 모양을 볼 때 마음이 편안하니? 파란 하늘? 엄마의 얼굴?"
"너는 어떤 향/냄새를 맡을 때 마음이 편안하니? 달콤한 솜사탕 향? 새콤한 귤 향?"
"너는 어떤 맛이 느껴질 때 마음이 편안하니? 부드럽게 녹아내리는 달콤함? 시원한 청량감?"

3. 아이 마음을 편안/안전하게 해주는 자원을 꺼내어 쓰기

"너를 편안하게 해주는 것들을 하나씩 해봐. 따뜻한 코코아를 마시고 있다면 코코아의 향기도 맡아보고 따뜻한 온도도 느껴봐. 너를 편안하게 해주는 것들을 하나씩 시도하고, 그것을 통해 느껴지는 감각과 감정을 느끼는 순간, 지금 너의 마음은 편안한 집에 머물고 있단다. 이것이 너의 마음을 '안전한 집'에 초대하는 방법이야."

4. 아이의 도전을 격려하기

"축하해. 드디어 너의 마음이 안전하고 편안한 집에 도착했구나. 그렇다면 안전하고 편안한 곳에서 다시 시작해 보자. 만약 또 실패할까 봐 두렵더라도 괜찮아. 방금 배운 방법을 언제든 쓸 수 있거든. 사실, 여러 번 많이 반복해서 '안전한 집에 초대하기'를 할수록 오히려 좋아. 왜냐하면 그때 너의 몸과 뇌, 마음에서 '넘어져도 일어서는 씩씩한 마음 근육'이 더 강해지기 때문이지. 그러니, 다시 한 번 시도해 보자."

10

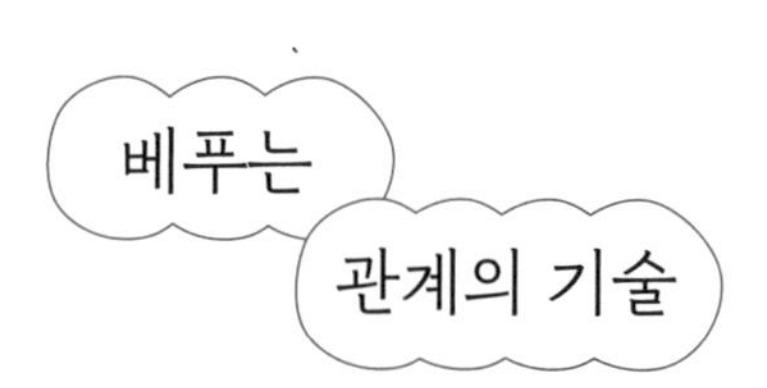

우리는 모두 연결되어 있다

새 학년에 올라간 제 아이가 등교한 지 이틀째 되던 날 집에 오자마자 들뜬 목소리로 말했습니다. "엄마, 나 오늘 여자 친구 5명이나 사귀었다!" 새 학기 적응에 어려움은 없을까 걱정하고 있던 찰나에 너무나 기쁜 소식을 들은 나머지 "그래, 그 친구 이름이 뭐야?"라고 물었더니, 아이가 해맑은 얼굴로 "몰라" 하고 답하는 것이었습니다. 그 순간, 아동가족심리치료를 전공했던 저의 지난 20년의 시간이 의미를 잃는 듯했습니다. 저는 당혹스러운 나머지 냉담한 목소리로 "그럴 때 친구 이름도 물어보고 해야지. 내일은 가서 친구 이름 알아 와" 하고 말했습니다. 어떤 면에서 친구의 이름을 묻고 기억하는 기본적인 사회성은 아이들에게 너무나 필요한 기술입니다. 하지만 그 순간 제가 놓친 것이 있습니다. 아이가 친구들과의 관계에서 처음 느꼈던 '연결감, 기쁨'에 함께 공감해주는 일이었습니다. 아이는 비록 친구의 이름을 묻는 친사회적 기술을 발휘하지는 못했지만 함께 놀고, 웃고, 떠들며 다른 사람과 함께하는 기쁨과 사회적 연결감으로 인해 가슴이 벅찬 하루였을 것입니다. 아이 말을 빌리자면, "내가 웃을 때 친구도 웃고, 내가 먹으니깐 친구도 먹고 싶다고 하고…" 무언가를 함께 공유하고, 같은 욕구를 지닌 친구들이 곁에 있다는 것만으로도 그날 하루가 아이는 너무나 즐거웠을 것입니다.

이렇듯 우리 아이들이 사람들과의 관계에서 배워야 하는 베푸는 관계적 기술의 핵심은 바로 '사회적 관계를 인식'하는 것으로부터 시작됩니다. 아이가 마음과 신체를 통해 자신이 사회적 존재이며, 동시에 곁에 있는 친구와 선생님, 부모님, 형제도 모두 사회적 존재로, 우리는 모두 혼자 살아갈 수 없고 함께 도우며 살아가야 하는 존재임을 깨닫는 것입니다. 이러한 사회적 관계에 대한 인식을 바탕으로 그 위에 사회적 기술을 습득하고 익히게 될 때, 사회성의 발달과 향상이 이루어지게 됩니다.

사회적 관계 인식의 첫 번째 단계는 바로 아이들이 모든 인간이 갖고 있는 공통점을 인식하는 것입니다. 우리 모두는 사랑받고 싶은 바람을 가지고 태어납니다. 아이들이 태어나 처음 내는 그 힘찬 울음소리는 아마도 "저를 보살펴주세요. 당신의 사랑을 주세요"라고 말하는 마음의 신호일 것입니다. 이렇듯 사랑받고자 하는 아이는 세상에 태어나 정말 수많은 손길을 통해 보살핌을 받게 되지요. 그 겹겹의 사랑 속에서 아이들이 배우는 것은 아마도 "아, 이 험한 세상, 나는 혼자가 아니구나" 하는 안전감, 소속감일 것입니다. 인류는 위험한 부족이나 짐승으로부터 아이를 보호하고 수용해주며 함께 생존해왔습니다. 그렇기에 누군가로부터 사랑받고 싶고 누군가와 연결되고 싶어 하는 그 욕구는 생존을 위해서는 결코 멈춰서도 버려져서도 안 될 기본적인 본능입니다.

어렵게 생각하지 않아도 됩니다. 우리 아이들은 아침에 눈을 뜨자마자 부모가 어디에 있는지 제일 먼저 확인하고, 핸드폰을 들여다보며 밤새 친구들로부터 온 메시지는 없는지 확인하지요. 결국 이 모든 행위는 '누군가와 연결되고 싶다'는 바람에서 비롯된다는 것입니다.

어른들은 아이들이 이렇듯 누군가와 연결되고 또 사랑받고 싶어 하는 바람을 간직하고 있다는 사실을 인식하고 있어야 합니다. 아이들은 마음이 괴로울 때, 자기 스스로를 사랑받지 못하는 아이 혹은 외로운 존재로 판단하고 있을지 모릅니다. 그런데 이때 다른 사람들도 나처럼 사랑받고 싶어 하는 바람을 갖고 산다는 것을 알게 되면, 자신이 혼자가 아니라는 것을 느끼게 되지요. 그래서 혼자라는 외로움, 고립된 것만 같은 두려움으로부터 자유로울 수 있게 됩니다. 우리 아이들이 누군가와 함께하는 따뜻한 삶을 살기를 바란다면, 먼저 아이들에게 사랑받고, 연결되고 싶어 하는 자신의 바람을 수용하도록 안내해주어야 합니다.

코로나 이후 아이들은 길었던 사회적 거리두기로 인해 친구들, 선생님들과 어울리지 못했고 함께하는 활동도 제한되었습니다. 아이들로선 고립과 외로움 등 관계의 단절을 맛보게 된 것이죠. 단순히 아이들의 삶에서 친구나 선생님과의 만남이 사라진 것이 아닙니다. 우리 모두의 기본적이며 필수적인 욕구인 연결과 사랑받고자 하는 본능이 위협당한 아픔이지요. 아이들의 잃어버린 시간을 다시 되찾기 위해서, 마음챙김은 '우리 모두가 연결되어 있는 존재'임을 가슴 깊이 새기라 말합니다.

이제 우리는 조금은 다른 시선으로 아이와 대화해 볼 수 있습니다. 아이가 하교 후 집에 돌아오면 "오늘은 친구들과 무슨 놀이를 했어? 누구와 놀았어?"라는 질문 대신, "친구와 함께하는 기분은 어땠어?"라는 질문을 던져주세요. 또 어느 날은 아이가 친구로 인해 기쁨, 슬픔, 질투 등을 느꼈다고 말한다면, "그렇구나. 엄마랑 똑같구나. 엄마도 ○○이처럼 슬플 때도, 기쁠 때도, 질투가 날 때도 있어. 그리고 이렇게 위로받고 싶을 때도 있단다"라고 말이지요. 타인과의 차이를 인정하면서도 모든 인간이 근본적으로는 나와 같고, 타인도 감정을 가지고 있음을 인식하게 되면, 인간의 보편적 경험을 통해 아이들은 유사성과 연결감을 배우게 됩니다. 특히 자신과 마찬가지로 내 앞에 있는 친구들도 그들만의 욕구, 바람, 두려움, 상처에 대한 고통, 희망 등의 감정을 가지고 있음을 먼저 아는 것이 중요하지요. 그래야 그 깊은 이해를 바탕으로 '친구야, 너의 마음이 슬프구나. 내가 도와줄까?'라고 생각할 수 있는 삶의 태도를 가질 수 있기 때문입니다.

아이들을 위한 마음 건강 교육의 일환으로 한 초등학교에서 '아이들을 위한 마음챙김' 프로그램을 실시한 적이 있습니다. 마음챙김 프로그램을 통해 아이들에게 '시스템적 사고' 즉, 어떤 사람, 사물, 사건 등이 모두 단편적으로 존재하지 않고 복잡한 인과적 그물망 안에 연결되어 상호의존적으로 존재하고 있음을 알려주고 싶었습니다. 우리 모두가 서로 연결된 존재임을 알고, 그 연결감을 느끼며 작고 사소한 행동 또는 시스템을 바꾸면 연결된 모든 것들에 영향을 미친다는 것을 가슴 깊이 새겨주고 싶었습니다. 더불어, 우리가 베푸는 작은 친절이 선한 영향력으로 확대될 수 있음을 알게 해주고 싶었지요. 그래서 아이들과 함께 우리가 흔히 먹는 떡볶이, 마라탕(재밌게도 아이들이 가장 많이 선택한 음식이었지요) 하나가 자신의 손과 입에 오기까지 얼마나 많은 사람들과 연결되어 있나 함께 그림을 그려보았습니다. 아이들은 친구들과 함께 농부, 마트 직원, 경운기 개발자, 공무원, 심지어 논과 밭의 주인, 그리고 한 번도 본 적 없는 그들의 부모까지 떠올리며 즐겁게 참여하였습니다. 떡볶이를 둘러싼 수많은 사람들이 가지치기처럼 그려진 큰 그림을 보며 한 여자아이가 한 말이 아직도 떠오릅니다. "선생님, 그럼 저는 혼자 떡볶이를 먹을 때에도 외롭지 않은 거였네요" 이 아이의 말처럼 모든 아이들이 떡볶이를 먹는 그 순간마저 외롭지 않기를, 함께 연결되어 있음을 충분히 느끼기를, 함께 머무는 기쁨을 누리기를 바래봅니다.

작은 것에 감사하는 아이

모든 것들이 연결되어 있음을 깨닫게 되면, 아이들은 자신이 먹는 간식 하나, 늘 손에서 놓지 않는 핸드폰 등 그 무엇도 그저 하늘에서 툭 떨어진 것이 아니라는 것을 알게 됩니다. 하물며 지금 넘기고 있는 책의 종이 한 장도 수많은 사람들의 시간과 노력, 그리고 자원들이 연결되고 농축되어 나온 예술품처럼 보이게 될 것입니다. 그렇기에 무언가에 감사한 마음을 갖는다는 것은, 그저 머리로 '감사해야 하는구나'를 인식하여 "감사합니다"를 입술로 내뱉는 익숙한 의식 같은 것이 아닙니다. 아이들 내면에서 '이 과자 하나가 내 입에 오기까지 얼마나 많은, 보이지 않는 사람들의 손이 연결되어 있는지를 깨닫는 것', 가슴에서 느껴지는 너른 마음이 진정 감사하는 일입니다. 아이들이 감사함을 마음에 품게 되면, 작은 과자 한 입에도, 쓰고 있는 안경에도, 북적거리는 체육대회에서 날리고 있는 풍선 하나에도 진정한 감사함이 가슴에 스며들게 됩니다. 아이들 삶에서 '감사'가 무의미한 인사치레가 아닌, 뭉클한 어떤 것으로 가슴에 스며들게 되는 것이지요.

더욱이 아이들이 보다 행복한 삶을 살기를 진심으로 바란다면, 우리가 해야할 일은 아이들이 삶에서 긍정적인 것, 좋은 것, 달콤한 것을 음미할 수 있도록 돕는 것입니다. 그 말은 아이러니하게도 우리가 아이들에게 긍정적이고 좋은 것들만 제공하려 애써서는 안 된다는 말이기도 합니다. 세상에는 피할 수 없는 갈등과 불편한 감정이 늘 존재합니다. 아울러 아이들의 마음은 생존을 위한 본능으로 부정적인 것들을 더욱 곱씹고, 그것만 크게 보이도록 작동합니다. 살기 위해 자신을 해칠 수 있는 많은 위험 요소들을 잊지 말라는 유전자적 경고이죠. 이러한 마음의 작동 방식을 알기에, 우리는 아이들을 위해 좋은 것들을 많이 제공해주려고 애쓰게 됩니다. 신나는 놀이공원, 해외여행, 좋은 책과 글귀들… 하지만 아무리 아이들의 삶에 좋은 것들을 강력하게 붙여놓아도 어느새 떨어지고 맙니다. 오히려 부정적 사건과 생각이 강력한 테이프처럼 붙어서 떨어질 생각조차 없습니다. 그렇기에 조금은 힘을 빼고, 그저 아이들이 일상의 행복하고 긍정적인 '작은 것'들을 음미하여 긍정적인 것을 긍정적인 것으로 선명히 인식하도록 도와주는 노력이 필요합니다. 아이들이 미처 모르고 지나간, 하지만 분명 아이들의 가슴에 즐거움, 감사함, 설렘과 같은 이름으로 찾아간 경험에 의도적으로 주의를 기울이고 충분히 음미하는 것이야말로, 아이들의 삶을 행복으로 채우는 길입니다.

아이들의 삶에 작은 감사를 더하는 방법은 매우 다양합니다. 이제 소개할 예시들은 그저 많은 것들 중 하나일 뿐입니다. 더욱 다양하고 창의적인 방법으로 아이들의 일상을 작은 감사거리로 가득 채워보시길 바랍니다. 이때 중요한 점은 아이들에게 감사할 거리는 애써서 찾는 것이 아니라는 것을 알려주어야 한다는 것입니다. 아이가 작은 것이라도 감사할 거리를 발견한다면, 그저 그것을 즐기고 음미하는 것만으로도 충분하다고 말해주세요.

첫째, 만약 아이가 일기를 쓴다면, 일기의 마지막 문구에 아주 가볍게 매일 감사한 일 세 가지를 적어볼 수 있도록 격려하세요. 이 간단한 실천은 아이들이 자신의 삶에서 긍정적인 측면에 집중하고 감사하는 습관을 기르는 데 도움이 됩니다. 다만, 아이가 감사할 거리를 찾는 것이 즐거워야 합니다. 그렇기에 감사할 거리를 쓰기 위해 온몸과 얼굴에 긴장과 억지감이 잔뜩 묻어 있다면, 그저 가볍게 오늘 맛있었던 점심, 따뜻한 날씨와 같은 가벼운 것들로 감사거리를 찾을 수 있도록 도와주셔도 좋아요.

둘째, 아이와 잠들기 전 매일 밤 몇 분씩 시간을 내어 함께 감사하는 일에 대해 생각하고 이야기 나누는 시간을 갖는 것도 좋습니다. 저는 아이와의 저녁 시간에 종종 감사한 것들에 대해 함께 이야기 나누는 시간을 갖는데, 이때 '아이의 행동'보다는 '아이의 존재' 자체에 감사함을 전하고자 노력합니다. "오늘 밥을 다 먹어서 고마워", "오늘 숙제를 다 해서 고마웠어"라는 말 안에는 다소 부모의 판단이 묻어 있기 때문이지요. 그말은 아이가 밥을 다 먹지 않고, 숙제를 다 하지 않았다면 자녀에게 전혀 감사하지 못하다는 잘못된 의미를 전달할 수 있기 때문입니다. 그러니 그저 아이의 존재만으로도 얼마나 감사한지를 표현해 보세요. “지금 너와 함께 대화하는 이 시간이 너무나 감사해”, “지금 이 순간 너의 빛나는 눈빛을 보고 있다니, 얼마나 감사한 줄 몰라”, “그저 너와 함께 있는 것만으로도 엄마, 아빠의 마음이 감사로 가득 차 있단다”라고 말이지요.

셋째, 자연에 감사하게 해주세요. 사실 아이와 어른, 우리 모두의 일상은 자연 안에서 이루어집니다. 비가 오면 자연스레 우산을 펴고, 따뜻한 햇살이 쏟아지면 밖으로 나가 산책을 하지요. 날이 더우면 시원한 그늘을 찾아가고, 단단한 땅을 지탱하여 서고 걷고 하는 모든 것들을 살펴보면 결국 우리의 작은 감사거리는 늘 자연에 있었음을 알게 됩니다. 그렇기에 감사할 목록에서 언제나 쉽게 지나쳐버리지요. 아이들 손에 노력 없이 주어지는 어떤 것처럼 우리는 자연이 주는 그 모든 혜택들을 감사함 없이 당연하게 누려왔습니다. 이제는 아이들과 함께 산책을 하거나, 혹은 분주한 등굣길 속에서도 자연에 대한 감사함을 나눠보세요. “오늘따라 햇살이 너무 좋다. 너무 감사한 하루야”, “며칠 무더웠는데, 이렇게 시원한 비가 내리다니 너무 감사한 하루네”라고 말이지요.

이렇게 아이들이 작은 것에도 충분히, 기꺼이 감사함을 느낀다는 것은 결국 아이들의 삶을 균형으로 채운다는 의미도 됩니다. 아이들의 삶은 나쁜 것과 좋은 것, 쓴 것과 단것, 어두운 것과 밝은 것, 저물어 가는 것과 새로이 솟아나는 것들로 채워져 있습니다. 아이의 삶에서 악취나고 쓴 것들을 모두 치워버리는 데 많은 시간을 허비하지 마세요. 또 너무 좋은 것, 달콤한 것들만 곁에 두려고 애쓰지도 마세요. 모든 인간의 삶이 쓴 것과 단것으로 혼합되어 있듯, 그저 아이들에게 '너에게 찾아온 것들은 무엇이든 천천히 오래 씹어 소화시키며 그 풍미를 흠뻑 느껴봐'라고 말해주어야 합니다. 아이가 즐거운 음악에 가볍게 몸을 흔들고, 좋아하는 간식거리를 한 입 물어 맛을 충분히 즐기고, 선선한 바람과 푸른 하늘에 고개를 들어 미소와 함께 바라볼 수 있도록, 삶에서 사소하나 감사한 것들에 흠뻑 빠지고, 허용하고, 머무르도록 안내해주세요.

작은 친절을 베풀 줄 아는 아이

학교에 입학하게 된 아이들은 공동체 안에서 생존과 적응을 위해 인사하기, 양보하기, 차례 기다리기 등의 규칙을 익히게 됩니다. 우리가 흔히 사회적 기술이라 부르는 이러한 행동들은 자신뿐만 아니라 함께 살아가는 모두를 위해 배우고 익혀야 하는 삶의 필수적인 기술과 같습니다. 하지만 모든 가르침들이 그러하듯, 그것이 '노력해야 하는 것'이 되었을 때, 그리고 그 결과가 좋지 못했을 때는 어느 샌가 배우는 것이 즐겁지 않은 것으로 바뀌게 됩니다. 우리가 아이들에게 늘 입버릇처럼 말하는 친사회적인 행동들도 마찬가지입니다. 어른들은 아이가 인사를 하고 친구에게 뭔가를 양보했을 때보다 그러지 못했을 때 더욱 예민하게 반응하면서 이것들을 문제 행동이라고 이름 붙입니다. 그리고 문제 행동, 부적응적인 행동을 하는 아이 혹은 사회성이 부족한 아이라는 낙인을 찍으며 이러한 행동들이 큰 문제인 것처럼 여깁니다. 이때 어른들은 아이를 '사회성이 부족한 아이'라는 언어적 감옥에 넣은 채, 빠져나갈 구멍 없이 온갖 사회적 기술을 가르치고자 통제하고, 때로는 누군가와 비교하며 날선 말로 채근하기도 하지요. 이러한 악순환 속에서 우리가 필히 아이들에게 가르치고자 했던 친사회적 행동들은 더 이상 아이들에게 '자신과 친구들에게 허용하거나 즐길 수 있는 행동'이 아닌, 힘겹게 노력해야 배울 수 있는 것으로 전락해버립니다. 그런데 한 번 생각해 보세요. 태어난 순간, 그리고 마지막 눈을 감는 날까지 사람들 속에서 살아가야 하는 우리 아이들이, 누군가와 함께하는 것이 어느새 힘주어 노력해야 하는 고통스러운 것이 되었을 때, 과연 아이들의 삶이 행복할까 하고 말이지요. 그렇다면 아이들이 누군가와 함께하는 즐거움에 머무르며, 그 안에서 자연스럽게 친절을 베풀 수 있도록 하려면 어떻게 도와주어야 할까요?

사실 '친절'을 베푸는 것은 그리 어려운 일이 아닙니다. 왜냐하면 아이든 어른이든 모두 그 나름의 방식으로 누군가에게 친절을 베풀거나 받은 적이 있으니까요. 만약 아무리 찾아봐도 친절은 받은 적도, 베푼 적도 없다고 우기고 있는 아이가 있다면, 이렇게 말해 보셔도 좋습니다. 영화나 책 속에서 본 친절, 혹은 상상 속 친절을 떠올려보라고요. 아이가 직접 경험했든 간접적으로 경험한 것이든 상상 속 경험이든 모두 괜찮습니다. 그것을 떠올렸을 때 입꼬리가 약간 올라가거나 가슴이 조금은 따뜻해진다면, 그 순간 아이가 경험하고 있는 것이 바로 '친절'입니다. 몸과 마음에서 친절을 경험하고 있다면 아이에게 친절이라는 내적 자원이 배양되고 있는 것이지요. 매일 시간이 허락된다면 아이에게 따뜻하고도 편안한 어조로 물어보세요. "오늘 네가 받은 친절은 어떤 모습이니? 그 친절을 받는 순간 몸과 마음에서 어떤 일이 일어났니? 혹은 오늘 네가 베푼 작은 친절은 무엇이었니? 그 친절을 베푸는 순간, 너의 몸과 마음에서 어떤 일이 일어났니?"라고 말이지요. 그리고 이러한 대화를 나누는 순간순간, 어떤 이미지가 떠오르거나 몸의 감각, 감정 등이 일어났다면 그 순간 지금 아이의 가슴에 친절이 새겨지고 있는 것임을 기억하세요.

친절을 몸과 가슴으로 이해했다면 다음으로 중요한 것은 '친절은 베풀어야 한다'는 것을 아는 것입니다. 씨앗을 심어야 열매와 꽃이 피어나듯, 친절한 행동 또한 세상에 뿌려야 열매와 꽃으로 피어나겠지요. 다만, 우리 아이들이 베풀 친절 행동이라는 것이 꼭 거창할 필요는 없습니다. 앞서 말한 시스템적 사고 안에서 우리는 모두 연결되어 있기에 하나의 작은 행동이 모든 사람에게 영향을 미치기 때문이지요. 지난 몇 년 동안 진행해온 아이들을 위한 마음챙김 프로그램에서, 아이들은 자신이 세상에 베풀고자 하는 친절 행동을 다음과 같이 계획했습니다. '뛰어오는 친구를 위해 교실 문 잡아주기, 복도에서 마주치는 선생님께 인사하기, 버스 탈 때 기사님께 "안녕하세요" 하고 인사하기, 급식 당번 친구에게 음식받을 때 고맙다고 말하기, 비오는 날 버스정류장에서 버스 기다릴 때 우산은 접고 기다리기, 식사 후 다 먹은 그릇을 설거지 통에 넣어두기, 주인을 잃어버린 펜을 보게 되면 '펜 잃어버린 사람~?' 하고 물어보기… 아이와 함께 아이가 할 수 있는 친절 행동에 대해 이야기 나눠보세요. 이때 중요한 것은 친절의 씨앗이 작을수록 세상에 뿌리 내리기 쉽다는 것입니다. 저는 아이들에게 이렇게 말하기도 합니다. '한 스푼짜리' 친절을 발견하고, '한 스푼짜리' 친절을 베풀어보라고 말이지요.

갈등을 포용하는 아이

아이들이 커 간다는 것은 그저 개인의 성장만을 이야기하는 것은 아닙니다. 아이를 둘러싼 세상도 커진다는 뜻이지요. 그렇기에 더 많은 사람들과 상황들을 마주하며 다툼과 갈등을 경험하게 됩니다. 또 이러한 갈등 안에서 아이들은 질투, 서운함, 분노, 슬픔과 같은 힘겨운 감정을 끌어안게 됩니다. 하지만 아이들이 갈등 안에서 어떠한 감정을 경험하든, 여기서 중요한 것은 힘겨움을 갖고서라도 우리는 타인과 함께 살아가야 한다는 것입니다. 즉, 아이 마음이 힘겹더라도 내 앞에 있는 사람과 타협하고 조율하며 함께 살아가는 법을 배워야 합니다. 그럼 어떻게 아이들이 사람, 세상과의 갈등마저 포용하며 살아가는 사람으로 성장하도록 도와줄 수 있을까요?

먼저 아이들이 자신의 마음을 담담하게 만드는 것부터 시작해야 합니다. 자신의 마음을 담담히 하고 중심을 잘 잡는 일은 결국 상대의 말을 잘 들을 수 있는 경청의 시작이기도 합니다. 사실, '경청'은 어른에게도 어려운 일입니다. 친구가 겪은 서운한 일에 대한 이야기를 듣고 있는 중에도 아마 아이들의 내면은 굉장히 시끄럽고 요란할 것입니다. '나도 그런 일이 있었는데, 도대체 이 이야기는 언제 끝나지? 맞다. 학원 숙제 안했는데, 그런데 진짜 너무 속상했겠다. 듣고 있으니 나도 짜증이 나네. 이따 엄마한테 이 이야기 해줘야겠다'와 같이 말이지요. 이처럼 누군가의 이야기를 온전히 경청한다는 것은 어려운 일입니다. 그런데 만약 그 대화가 아이의 마음을 불편하게 만드는 갈등이나 문제를 담고 있다면 어떨까요? 그렇지 않아도 분주하고 복잡한 마음인데, 거기다 활활 타오르는 불까지 얹어졌다 생각해 보세요. 하지만 내 앞에 있는 친구가 무엇을 원하는지, 무엇이 친구의 마음을 화나게 했는지 선명하게 알 수 있어야 친구에게 필요한 말을 해주거나 갈등을 해결할 수 있습니다. 그렇기에 친구의 말과 마음을 오해하지 않고 있는 그대로 이해하기 위해서는 먼저 아이의 마음이 고요하고 단단하게 중심을 잡고 있어야 합니다. 친구의 말이나 행동 하나하나에 쉬이 흔들리지 않는 단단함이요. 아이 마음이 먼저 중심을 잡게 되면, 마음에 여유 공간이 만들어집니다. 우리는 이것을 '관용'이라 부릅니다. 관용이란 사람들에게 좋은 것을 넉넉하게 베푸는 것을 말합니다. 그리고 이러한 관용은 갈등을 안전하고 평화로이 해결하는 방법이기도 하지만, 갈등으로 힘들어하는 우리 아이의 마음을 고요하게 만드는 내적 자원이 되기도 합니다. 실제 우리가 남을 위해 관용을 베풀 때 우리 자신의 행복이 커지게 됩니다. 관용과 행복을 담당하는 뇌의 신경고리가 서로 연결되어 있어 아이가 '친구의 잘못을 너그럽게 용서해야겠다'라고 마음 먹는 순간, 보상과 쾌락을 담당하는 뇌 영역이 활발해지면서 긍정적인 감정을 느끼게 됩니다. 결국 갈등을 포용하기로 마음 먹는 순간, 아이들의 뇌는 보다 행복한 뇌로 변화한다는 것이지요.

만약 지금 이 순간, 아이가 누군가와의 갈등으로 인해 힘겨워하고 있다면 말해주세요. "갈등을 피하기보다, 마주하고 포용하려는 마음을 가질 때 비로소 너의 마음에 평온과 행복이 찾아올 거야"라고 말이지요. 그리고 아이가 친구와의 갈등이나 문제로 힘들어할 때, 애원이나 언쟁은 도움이 되지 않는다는 사실도 알려주세요. 이때 아이들이 힘겨운 감정에 압도되지 않고 자신의 마음을 단단히 다잡으며 관용을 베풀 수 있는 마음챙김 수행을 아이들과 함께 해보길 바랍니다.

들숨은 나를 위해,
날숨은 친구를 위해

숨을 들이쉴 때마다 나 자신에게 친절을 가득 채워준다고 상상하며 숨을 들이마셔 보세요.
숨을 내쉴 때는 그 친구를 위해 좋은 것을 내어준다고
상상하며 내쉬어보세요.

다시 한 번,
나를 위해서 들숨,
친구를 위해서 날숨,

나를 위해서 들이쉬고,
친구를 위해서 내쉬어보세요.

아직 내 안에서 그 친구와의 갈등이나
힘겨움이 느껴진다면
"이 이것이 힘든 거구나"라고 나 자신에게 부드럽게
말해 봅니다.

"아, 이게 힘든 거구나. 그런데 나뿐만 아니라 모든 친구들이 이런 상황에서는 비슷하게 느껴. 나만 이렇게 힘든 게 아니야"라고 부드럽게 속삭입니다.

"지금 이 순간 나에게, 내 마음이 친절해지기를, 내가 편안하기를" 등 나 자신에게 필요한 말을 들려주세요.

인간은 사회적 동물이고, 아동기에 있는 우리 아이들은 그 나름의 성장 단계에서 부단히 노력하며 사회적 동물로서 살아가고 있습니다. 그리고 포유류들은 집단신경계를 공유하고 있기에, 어떤 한 사람의 감정은 그 공동체에 빠르게 퍼져 나가게 됩니다. 이러한 공동체 속에서 살아가는 우리 아이들에게 필요한 것은 '배려의 문화, 포용의 문화'입니다. 자신뿐만 아니라 타인의 실수와 실패를 너그럽게 포용할 수 있는 그 문화를 아이들이 만들어 나갈 수 있기를 바랍니다.

11

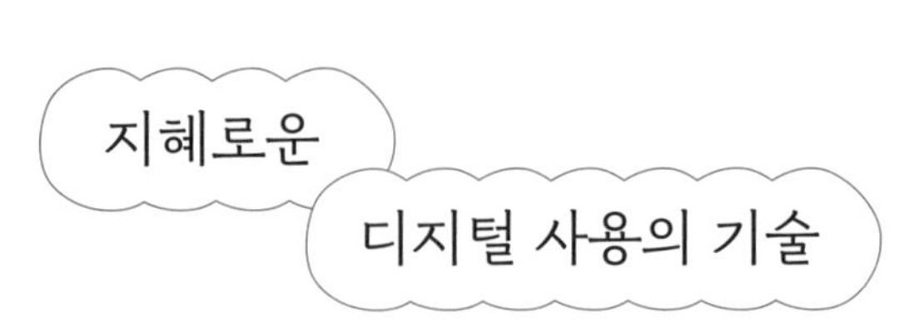

아이들의 79번째 장기, 디지털

아이들을 위한 마음챙김 강의와 워크숍을 준비하기 위해 컴퓨터를 켰습니다. 일정을 확인하기 위해 핸드폰을 옆에 두고, 잔잔한 음악까지 켜고 나니, 책상 위에는 온통 디지털 기기들이 가득한 광경이 펼쳐집니다. 사실 책상 위에 펼쳐진 노트북, 핸드폰, 아이패드 등이 없다면 과연 주어진 일들을 효율적으로 마칠 수 있을까 하는 생각 또한 스쳐 지나갔습니다. 이처럼 매일 소소한 일상 속에서 다양한 디지털 기기의 효용성에 감사와 감탄을 할 수밖에 없는 게 우리의 삶이지요. 하지만 그 순간, 마음에 떠오른 또 다른 생각은, “이미 디지털 세상의 원주민으로 살아가는 아이들에게 어떻게 마음챙김을 심어줄 수 있을까?"였습니다. 기술의 발달로 인해 인간은 많은 혜택을 누리며 더 편리한 삶을 살고 있습니다. 아이들은 핸드폰을 통해 멀리 이사를 간 친구와 연락하며 우정을 이어 나갈 수 있습니다. 또한 코로나로 인해 학교에 등교할 수 없을 때에도 디지털 기기 덕분에 수업을 받고 선생님과 이야기도 나눌 수 있었습니다. 이렇듯 디지털 기기는 아이들의 '79번째 장기'가 되었음을 모두가 인정할 수 밖에 없는 것이 현실입니다(인간의 몸에는 78개의 장기가 있다고 합니다).

중요한 것은 '디지털 기기'가 아닌, '디지털 기기와 관계를 맺는 방식'에 있습니다. 그리고 아이들이 디지털 기기와 관계를 맺는 방식이, 디지털 기기의 '노예'가 될 것인가, '주인'이 될 것인가를 결정합니다. 그러니 디지털 기기의 '현명한' 주인이 되는 방법을 익히는 것이 중요합니다. 생각해 보면, 디지털 기기는 그 자체로 유해하지도 아이들을 해치지도 않습니다. 하지만 아이들이 디지털 기기의 노예로 전락하는 순간, 문제가 시작됩니다. 한 손에는 숟가락, 한 손에는 핸드폰··· 몸은 교실, 정신은 어제 한 게임 속 세상에 살면서 결국 '지금-여기'의 삶을 놓치게 됩니다. 핸드폰에 정신이 팔려 내 앞에 있는 친구의 눈이 얼마나 반짝이는지 알 수 없게 됩니다. 또 게임 속 세상에 빠져 있느라, 오늘 선생님의 입술을 통해 전해지는 새로운 지식을 만나는 설렘을 느낄 수 없게 되는 것이지요. 디지털 기기의 노예가 된다는 것은, 지금-여기를 살지 못하고, 지금-여기에 머무르는 행복감 또한 놓치게 된다는 것을 의미합니다. 특히 아이들의 뇌는 더 빠르고, 더 강렬한 자극을 원합니다. 그것이 중독의 핵심입니다. 아이들의 뇌는 더 빠르고, 더 강렬한 자극을 찾아 나서게 되면서 자연이 선사해주는 것들에서는 더 이상 감동을 느끼지 못하게 됩니다. 자연이 주는 것들, 느린 계절의 변화와 보이지 않는 사랑, 친절, 위로와 같은 가치는 더 이상 아이들에게 매력 없는 것들이 되어버렸습니다. 디지털 기기 속 빠른 화면의 전개, 강렬한 사운드 등은 아이들을 흥분시키고, 보다 더 빠르고 강렬한 자극을 찾아 나서라고 종용합니다. 그래서인지 어느새 다양한 소셜미디어 속 영상이나 정보를 전달하는 방식이 더 짧은 시간 내 강렬한 메시지를 전달하는 방식으로 전환되고 있습니다. 이러한 기기 사용에 대한 중독성은 분명 아이들에게 그만한 대가를 치르게 합니다. 수면 방해, 시력 저하, 사람들과의 단절 등 수많은 문제를 낳지만 그중 가장 큰 댓가는 지금-여기를 사는 기쁨을 느끼지 못하게 한다는 것이지요. 삶에서 느낄 수 있는 살아 있음에 대한 기쁨을 놓친 채 디지털 기기에 사로잡혀 살아가는 아이들을 위해 우리는 무엇을 해줄 수 있을까요?

디지털 세상과 균형 맞춰 살아가기

인간에게서 장기를 떼어낼 수 없듯이, 이제 아이들의 79번째 장기가 된 디지털 기기 또한 떼어내려고 애쓰는 순간 더 많은 갈등과 파열을 낳게 됩니다. 디지털 세상의 원주민인 아이들에게 마음챙김을 안내하기 위한 가장 좋은 방법은, 또 다른 디지털 원주민인 어른들이 보다 현명하게 살아가는 방법을 보여주는 것입니다. 디지털 세상과 균형을 맞추어 살아간다면 우리는 디지털을 현명하게 사용하고, 그것이 주는 혜택은 누리면서도 동시에 자연과 친구들이 주는 기쁨 또한 만끽하며 살게 될 것입니다.

디지털 세상과 균형을 맞춰 살아가기 위해서는 아이들이 디지털 기기를 만지고, 보고, 듣는 그 모든 순간, 자신의 몸과 마음을 통해 경험하는 것들에 집중해야 합니다. 디지털 기기를 들었을 때의 무게감, 시시각각 변하는 화면의 색감과 소리는 물론, 기기를 통해 접하는 다양한 이야기와 사진, 영상 등을 통해 느껴지는 감동, 충동, 질투, 동경 등 자기 내면의 감정을 인식할 수 있어야 한다는 것입니다. 예를 들어 메시지 알람이 울리면 그 순간 아이들에게 놀란 마음이 찾아옵니다. 핸드폰을 들 때 그 무게 또한 느껴집니다. 메시지를 확인하기 위해 핸드폰 화면을 켜는 순간, 아이들 눈에 비친 다양한 색과 빛, 모양들, 그리고 마침내 친구의 메시지를 읽는 순간 드는 다양한 감정들까지… 이렇게 메시지를 확인하는 과정에서도 아이들은 수많은 감각과 감정들을 마주하게 되지요. 하지만 아이들의 마음이 스스로에게 향하지 못한다면 그저 기기일 뿐인 핸드폰에 자신의 마음을 모조리 내어주게 됩니다. 껍데기뿐인 아이들의 모습은 상상만 해도 아찔한 일이 아닐 수 없지요. 핸드폰을 하든, 게임을 하든, 친구들과 메시지를 주고받든, 그 모든 소소한 일상에서 놓치지 말아야 할 것은 아이들 스스로가 자기 삶의 주인이 되는 것입니다. 이를 위해서는 아이들 몸의 다양한 감각의 변화나 시시각각 변하는 감정, 이것저것 속삭이며 말하는 내면의 목소리 등 아이들이 자신의 경험과 변화를 알아차리는 것이 중요합니다. 내면의 경험이 어떠한지 인식할 수 있어야만, 자신의 내면에서 필요한 것을 내어줄 수 있게 되기 때문입니다. 아이들 내면에서 '이제 이 영상은 슬슬 지겨워지고 있어', '친구에게 어떻게 메시지를 보내야 좋은 관계를 유지할 수 있을까?'와 같은 목소리를 들어야 컴퓨터를 끄거나, 친구에게 친절한 메시지를 보낼 수 있게 됩니다. 마음챙김은 이렇듯 디지털 원주민인 아이들의 삶에서 매 순간 자신의 내면적 경험을 알아차리도록 도와줍니다. 아이가 핸드폰이나 디지털 기기를 손에 얹을 때 아래와 같이 마음챙김 대화를 나눠보세요.

(아이가 핸드폰 등을 손에 들고 있을 때) "지금, 이 순간 핸드폰의 느낌에 주의를 기울여봐. 무게를 느껴봐. 무거운지, 가벼운지 혹은 그 중간의 어떤 무게이든… 그저 그 무게를 느껴봐.

천천히 핸드폰의 모양, 색, 빛도 살펴봐. 익숙하지만 또 어떤 새로운 것들이 보여지는지 호기심을 갖고 관찰해 봐. 우리가 빠르게 지나치느라 보지 못했던 새로운 면은 없는지 탐험하듯 집중해서 살펴봐.

이번에는 핸드폰에서 들리는 작은 소리도 한 번 들어봐. 그것이 어떠한 소리이든, 좋다 나쁘다와 같은 판단은 잠시 내려놓고, 그것에서 들리는 소리에 주의를 기울여봐.

준비가 되었다면 핸드폰을 천천히 바라보고, 지금 이 순간 너의 마음에도 주의를 기울여봐. 빨리 메시지를 확인하고 싶다는 생각이나 영상을 보고 싶은 충동, 혹은 어제 친구가 보냈던 메시지를 떠올리며 속상하고 힘든 마음이 느껴질 수도 있어. 그 순간, "아 이것은 그저 감정이야, 충동일 뿐이야"라고 자신에게 말해줘. 지금 너의 마음을 있는 그대로 환영해줘.

이제 천천히 너의 경험과 감정에 주의를 기울이면서 네가 핸드폰으로 하고 싶었던 것들을 해봐. 기억해. 매 순간 너의 몸과 기분에 변화가 느껴진다면 그것들을 환영하면서 핸드폰을 대하는 방법을 말이야."

디지털 세상에서 마음챙김 배우기

마음챙김은 어렵지도 복잡하지도 않습니다. 다만, 이것을 매일 해야 함을 기억하는 것이 상당히 어렵습니다. 그렇기에 디지털 기기가 아이들을 마음챙김으로 이끄는 하나의 좋은 도구가 될 수도 있습니다. 디지털 기기의 알람, 전화 벨소리 등을 마음챙김을 해야 할 때임을 알려주는 신호로 삼을 수도 있지요.

디지털 기기의 본래 목적은 아마도 사회적 연결이었을 것입니다. 멀리 떨어진 누군가의 소식을 접하도록 도와주고, 안부도 물을 수 있는 효율적이고 감사한 기기인 셈이지요. 하지만 우리는 이러한 혜택을 뒤로 하고 어느샌가 누군가와 멀어지는 도구로 이를 사용하고 있습니다. 며칠 전 동네 놀이터를 지나가는데 초등학교 4-5학년 정도된 남녀 아이들 6명이 모여 있는 모습을 봤습니다. 아이들은 놀이터 한가운데에 둥그렇게 앉아서는, 한마디 말도 없이 각자 핸드폰을 하고 있었습니다. 아마도 함께 게임을 하는 것 같았습니다. 그때 이 모습을 보며 지나가던 한 어른이 혀를 차며 "저렇게 따로 놀 거면 왜 모였나…" 라고 말씀하셨습니다. 그런데 이것이 꼭 아이들만의 모습은 아닌 것 같습니다. 카페에 가면 어른들도 커피 한 잔씩을 시켜놓고 잠시 대화를 나누나 싶더니 결국 각자 핸드폰을 하는 모습을 종종 보게 됩니다.

여기 디지털 기기를 통해 사회적 연결감을 경험할 수 있도록 돕는 몇 가지 방법을 소개합니다.

첫째, 디지털 기기를 마음챙김의 도구로 삼아보세요. 예를 들어 아침에 일어날 때 울리는 알람 소리를 마음챙김의 신호로 정해 보면 어떨까요? 매일 아침 울리는 알람 소리에 잠시 귀를 기울여 소리의 높낮이, 다양한 멜로디와 빠르기 등을 호기심을 갖고 들어보세요. 익숙하고 어쩌면 지겨울 법한, 또 누군가에게는 달콤한 잠을 깨우는 지옥 같은 아침 알람 소리가 조금은 색다르게 느껴질 수도 있습니다. 또는 아이가 좋아하는 사람으로부터 전화가 오면, 진동의 떨림이나 벨소리의 음률 혹은 화면에 비춰지는 형형색색의 색과 빛을 잠시 음미해 본 후, 전화를 받도록 해보세요. 특히 아이가 사랑하는 사람의 이름 옆에 '마음챙김' 혹은 '내 마음'과 같은 마음챙김의 단서를 같이 저장해 두어도 좋아요. 전화나 메시지가 오면 설레고 행복해지는 사람의 이름 옆에 마음챙김을 해야 할 때임을 알려주는 단서가 같이 제시되면 그 사람과 연락하는 순간이 더 의미 있을 거예요.

둘째, 디지털 기기를 누군가와의 연결감을 느끼는, 함께 공유하고 나누는 즐거움의 수단으로 사용해 보세요. 이는 실제 아이들과의 마음챙김 프로그램에서 진행하는 활동 중 하나입니다. 마음을 행복하고 따뜻하게 만드는 멋진 글이나 시의 구절, 혹은 노래 가사도 좋아요. 또는 따뜻한 메시지를 담고 있는 영상이나 노래도 좋아요. 아이가 인스타그램, 페이스북 등의 소셜 미디어 계정이 있다면, 이러한 다른 사람들과 함께 나누고 싶은 좋은 것들을 업로드하고 공유하도록 하는 것도 디지털 기기를 현명하게 사용하는 방법 중 하나입니다. 아이들과의 마음챙김 프로그램 중 SNS를 하는 친구들에게 좋은 글귀의 해시태그를 공유하도록 하기도 한답니다(#위로가되는노래, #함께하는즐거움 #행복한하루보내세요 등등). 눈에 보이지 않는 가치인 우정, 사랑, 배려 등을 기르는 방법은 바로 그것을 나누는 문화를 아이들 삶 속에 자리 잡게 해주는 것입니다. 작지만 실천적인 방법 중 하나는 그러한 가치를 담고 있는 다양한 형태의 매체(음악, 영화, 책 등)를 서로 공유하고 그것에 감사하는 마음을 전달하는 것이고요.

셋째, SNS 세상에서는 너도나도 할 것 없이 누군가의 '좋아요'를 많이 받기 위해 더욱 자극적이고 강렬한 정보를 올리고는 합니다. 사랑과 배려, 위로에 귀감이 되는 롤모델에 '좋아요'를 누르고, 그 사람을 향해 감사 또는 위로의 메시지를 남겨보는 것은 어떨까요? 때로는 삶에서 힘겨움을 토로하고 있는 어떤 친구의 게시글에 "힘내요", "나도 너와 같은 경험을 한 적이 있어. 응원할게", "토닥토닥" 등과 같은 작은 위로의 글을 남겨보는 것 또한 사랑과 배려라는 내적 자원을 꺼내어 쓰는 방법입니다. 앞서 말한 바와 같이 우리가 삶에서 기르고 싶은 사랑, 배려, 위로, 친절, 용기와 같은 가치는 꺼내어 쓰면 쓸수록 그 크기가 커지는 법이에요. 이처럼 디지털 기기를 통해서도 아이들은 얼마든지 자신의 내적 자원을 더욱 갈고닦으며 빛을 낼 수 있답니다.

하지만 분명히 잊지 말아야 할 것은, 아이가 손에 들고 있는 핸드폰을 잠시 내려놓고 옆에 있는 친구와 불어오는 바람을 느낄 수 있는 사람이 된다면 분명 그 삶은 더욱 풍성해질 거라는 것이지요.

아이들에게 디지털 기기를 현명하게 사용하는 방법을 안내해주는 것도 지혜로운 마음입니다. 그런 후 잠시 디지털로부터 벗어나 사람과 자연의 냄새를 마음껏 맡아보는 시간도 만들어 준다면, 디지털과 자연의 균형이 조화로운 삶을 아이들에게 선물할 수 있을 것입니다.

12

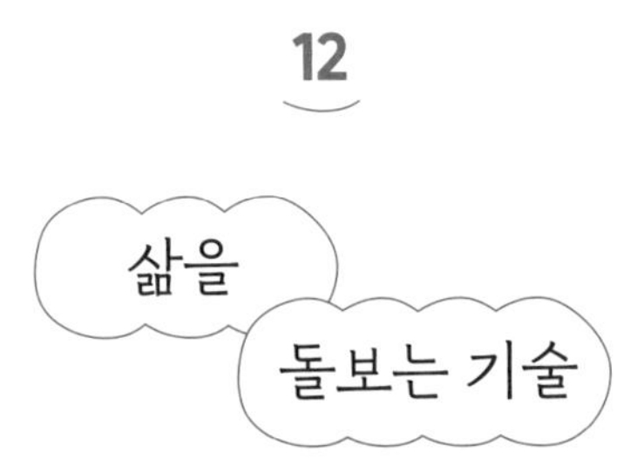

해야 할 일을 자꾸 깜빡하는 아이를 위해

어른들만큼이나 일과가 많은 아이들은 해야 할 일들이 느는 만큼 자주 할 일을 잊어버리거나 주의집중이 힘들어집니다. 곰곰이 생각해 보면 어른들도 여유로운 주말, 한가한 일상 속에서는 무언가를 잊어버릴 일도, 부주의할 일도 거의 없습니다. 어떤 상황에서 기억력과 주의력이 저하되는 것일까 살펴보면, 결국 분주할 때입니다. 실제 주의집중하고, 기억하고, 판단하는 능력을 담당하고 있는 뇌의 전두엽은 늘 이것저것 해야 할 것들, 혹은 관련 없는 정보들로 가득 차 있습니다. 아이들의 방이 정리가 되지 않은 채, 온갖 것들이 다 펼쳐져 있다고 생각해 보세요. 옷장의 서랍은 열려 있고 옷들이 이리저리 널부러져 있으며, 책상이나 바닥에는 색종이, 연필, 공책 등이 여기저기 흩어져 있다고 상상해 보세요. 이런 방에서는 지금 당장 제출해야 할 공책이 어디 있는지 찾는 것도 힘들뿐더러 공책을 찾겠다고 방을 헤집기 시작하면 오히려 더 어지럽혀지곤 하지요. 이것이 복잡하고 어지럽혀진 아이들의 전두엽이 집중하고, 기억하며, 판단하는 기능을 점점 잃어가는 원인입니다. 결론은, 아이들의 방처럼 아이 뇌의 전두엽이라는 방 역시 깨끗이 정돈해주어야 한다는 것입니다.

우리가 뇌를 청소하기 어려운 이유 중 하나로 멀티태스킹 습관을 들 수 있습니다. 특히 코로나 이후 컴퓨터로 수업을 듣게 되면서 중간에 간식을 먹기도 하고, 친구들과 대화 중에 핸드폰으로 게임을 하거나 메시지를 보내기도 하지요. 복수의 작업을 병행하는 경우, 아이들 뇌에서는 너무나 많은 정보들이 한꺼번에 처리되면서 과부하가 걸립니다. 무엇보다 핸드폰의 경우, 메시지에 더해 사진이나 동영상을 통해서 수많은 색, 빛, 모양 등을 접하게 되면서 처리해야 할 정보량이 많아져, 그렇지 않아도 지친 뇌는 다시 한번 과부하가 걸리게 되지요. 더군다나 핸드폰에서 나오는 블루라이트는 스트레스를 가중시키면서 아이들의 뇌를 더욱 쉴 틈 없이 만듭니다. 그래서 해야 할 일을 자꾸 잊어버리는 것은 사실 뇌가 "저 너무 과로하고 있어요"라고 보내는 신호와도 같습니다.

아이들의 뇌가 복잡하고 다양한 정보를 하나씩 순차적으로 명료하게 처리할 수 있도록 해주어야 합니다. 아이들 뇌에서 해야 할 일을 하나씩 처리하고, 다시 제자리에 잘 정리하는 습관을 갖는 것이 중요하다는 것입니다. 이때 전두엽 방을 잘 정리하도록 도와주는 열쇠가 바로 'DMN Default Mode Network 영역'이라 부르는 뇌의 회로입니다. DMN 영역은 아이들이 의식적인 활동을 하지 않고 휴식을 취하거나 멍하게 있을 때, 혹은 잠을 자고 있을 때 활발하게 기능하는 뇌의 회로입니다. DMN 영역이 활성화되면, 전두엽의 어지럽혀진 정보들이 하나씩 정리가 되고 청소가 되는 효과를 가져오게 됩니다. 아이들이 뇌의 DMN 영역을 활성화하는 방법은 때때로 일상을 단조롭게 보내는 것입니다.

가장 쉽게는 15분 정도 낮잠을 자거나, 5분 정도 호흡에 주의를 기울이거나, 조금은 무의미해 보이는 활동에 주의를 기울여 그 단조로움이라는 정보를 처리하는 것이지요. 자신이 좋아하는 캐릭터 색칠하기, 멍하니 앉아 가벼운 음악 듣기, 창밖을 바라보며 구름 관찰하기와 같은 활동들이 아이들의 삶에 꼭 필요합니다. 이는 사실 오래 전 스마트폰과 많은 정보, 자극들이 없던 시절의 아이들이 일상을 보내던 방법들입니다. 우리가 조금은 가치 없다고 여길 법한, 그 단조로움이 지금의 시대를 살아가는 아이들에게는 너무나 필요한 배움이었습니다. 중요한 것은 이러한 활동들이 반복될수록, 아이들은 자기 스스로에게 휴식을 제공하고 필요한 정보들을 잘 담고 기억할 수 있는 건강한 뇌를 만들어가게 될 것입니다. 그러니, 조급한 마음은 잠시 내려놓고 하루 중 잠깐이라도 조금씩 운동을 하며 튼튼한 근육을 기르듯, 그렇게 조금씩 아이들의 뇌를 건강하게 키워주세요.

아이들의 단조롭고 충분한 휴식을 위해서는 어렵지 않은, 쉽고 가벼운 것부터 실천하는 게 중요합니다. 어른이든 아이든 너무나 큰 목표와 행동은 누구나 달성하기 어려운 법이니까요.

첫째, 우선 아이와 함께 여유롭게 보낼 수 있는 하루를 정하세요. 그리고 함께 아이 방을 청소합니다. 몸과 마음은 하나예요. 아이 마음에 단조로움과 휴식을 주기 위해서는 아이가 실제로 머무는 방 또한 잘 정돈되어 있어야 합니다. 아이와 함께 청소를 하는 동안에도 마음의 의도를 '좋은 방향'으로 세워보세요. "청소해. 청소를 해야 숙제를 하지, 청소쯤은 이제 혼자서 할 수 있어야지"라는 말보다, "만약 너의 방이 깨끗하고 편안해진다면, 너에게 어떤 좋은 일들이 일어날까?"라는 질문으로 시작해 보셔도 좋아요. 혹은 "네가 있는 공간이 보다 편안하기를 바래"라는 선한 의도를 담아 함께 청소를 시작해 보세요. 결국 아이의 삶에, 아이의 공간에 좋은 것들을 담기 위해서는 먼저 좋은 것들이 담길 수 있는 충분한 공간이 마련되어야 합니다. 아이들은 자신의 공간에서 무한한 가능성을 키워나갈 테니까요.

둘째, 만약 아이 방 한편에 뭔가 둘 수 있다면 포근한 이불이나 아이에게 위안이 될 만한 것들을 한두 개 가져다 놓아도 좋습니다. 인간은 스트레스가 가중될 때 교감신경이 활성화되면서 과각성, 과민성 상태가 되지요. 그렇기 때문에 아이들이 힘겨운 감정으로 고통스러워할 때 신경계를 즉각적으로 안정시킬 수 있는 방법은, 시각, 미각, 후각, 촉각, 움직임 등 감각 정보를 통해 들어오는 '편안한' 자극들입니다. 아이는 커 갈수록 부모님, 선생님, 친구들, 과제, 성취해야 할 많은 것들로부터 아마도 수많은 좌절과 실패, 어려움을 마주할 것입니다. 우리는 아이가 당면한 인생의 과제를 없애줄 수는 없지만, 적어도 아이가 힘겨운 마음과 싸울 때 지지받고 위로받을 수 있는 존재 하나쯤은 만들어줄 수 있습니다. 그것이 엄마, 친구와 같은 사람일 수도 있지만 때로는 자기만의 공간과 시간일 수도 있습니다. 아이 방 한편에 조용히 휴식하고, 힘든 순간 복잡한 마음을 단조롭게 만들어주는 편안한 자극들이 놓여 있다면 그것만으로도 아이에게 멋진 선물이 될 것입니다. 그리고 이렇게 성장한 우리 아이는, 아마도 어른이 되어 스트레스 가득한 직장 생활 가운데 자신의 책상 한편에 놓여 있는 여행 사진을 보고 흐뭇하게 웃으며 다시 힘을 내는 방법을 알게 되겠지요. 혹은 좋아하는 커피의 향을 맡으며 자신을 위로하고, 다시 미소 지으며 해야 할 일을 묵묵히 해내는 어른으로 성장해 있을 것입니다.

셋째, 가끔씩 주말이나 휴일에 가벼운 여행이나 소풍을 떠나보세요. 거창한 계획은 잠시 내려놓고 산책이나 낮잠을 즐기고 오는 것도 좋습니다. 게임, 핸드폰 등 자극이 많은 강렬한 세상에 사는 우리 아이들에게 단조로운 휴식을 선물하세요. 아무 계획 없는, 할 일 없는 소소한 일상을 보내는 것도 아이들의 몸과 마음, 특히 뇌를 더욱 건강하게 만드는 방법입니다.

나만 못하는 것 같다고 울먹이는 아이를 위해

심리치료사로 많은 아이들을 만나던 시절, 초등학교 5학년이었던 한 여자아이는 상담실에 들어오면 제일 먼저 하는 질문이 정해져 있었습니다. "다른 아이들은 오늘 뭐하고 갔어요?" 이 아이가 갖고 있는 내면의 안테나는 늘 다른 아이들을 향해 있었어요. 왜냐하면 다른 아이들은 늘 즐거운 삶을 살고, 게임이든 공부든 곧잘 하는 것 같은데 왜 자신만 이리 바보 같은지 모르겠다고 생각해서죠. 그래서 늘 다른 아이들이 한 게임을 선택하고, 다른 친구들은 얼마나 그 놀이나 게임을 잘했는지를 묻고 자신의 모습과 비교하기 일쑤였습니다. 이렇게 친구들과의 비교, 그리고 자신의 내면을 향한 못마땅한 비난의 목소리는 아이의 삶을 갉아먹었습니다. 조금만 실수해도 "맞아, 역시 난, 뭘 해도 다른 아이들보다 못하는 존재야, 이번 게임에 지는 것으로 확실해졌어"라고 자신을 향해 날선 비난을 퍼부었습니다. 그 냉정하고도 애석한 비난의 목소리는 얼마나 확고한지, 엄마의 친절한 조언과 선생님의 긍정적인 확언에도 쉽사리 바뀌지 못하고 비난의 목소리와 함께 3년을 살아왔습니다. 그동안 아이는 작은 사건에도 쉽게 울고, 작은 도전에도 위축되고, 작은 갈등에도 친구와 세상을 단절하기 일쑤였습니다. 하지만 이는 비단 이 아이만이 가지고 있는 문제는 아닐 수도 있습니다. 우리 아이들은 쉽게 친구들과 자신을 비교하며, 자신의 결함이나 부족한 모습에 스스로에게 비난의 목소리를 들려주면서 사니까요.

만약 우리 아이가 자신과 누군가를 끊임없이 비교하며 우울한 삶을 살고 있다면 우리는 어떻게 도와주어야 할까요?

앞서 잠시 설명한 DMN 영역을 연구한 결과, 최근 DMN 영역이 휴식 중에만 활성화되는 것이 아니라 미래에 대한 상상을 할 때도 활성화되는 것으로 밝혀졌습니다. 어떻게 보면 상상력을 발휘하는 원천과도 같지요. 미국 펜실베니아대학교의 연구진이 미래를 상상할 때 DMN 영역의 각 부분이 어떻게 작동하는지를 발견하고자, 상상하는 동안의 뇌 활동을 기능성 MRI(자기공명영상장치)로 촬영해 보았습니다. 실험에 참여하는 사람들에게 "어떤 열대 섬의 따뜻한 해변에 앉아 있다고 상상해 보세요", "내년에 복권에 당첨됐다고 상상해 보세요"와 같은 문장을 읽고 이를 상상해 보라고 한 겁니다. 참여자들로 하여금 12초 동안 그 상황을 구체적으로 상상하게 하고, 뒤이어 14초 동안에는 자신이 떠올린 상황이 얼마나 생생한지, 그리고 그 상황에서 어떤 감정을 느꼈는지를 말해 보도록 했습니다. 참가자들은 네 차례에 걸쳐 위와 같은 실험을 반복했는데, 그때마다 연구진은 뇌의 활동을 관찰하여 다음과 같은 결과를 발견했습니다. 바로 DMN 영역의 앞쪽 네트워크에서는 머릿속에서 그려지는 상황이 생생할수록 활동이 더 활발해진다는 사실입니다. 다만, 상상한 상황이 긍정적이든 부정적이든 활성화 정도는 모두 같았지요. 반면 뒤쪽 네트워크는 부정적 상황보다 긍정적 상황에서 더 활성화되었습니다. 즉, 우리 아이들의 뇌는 자신의 현재 모습뿐만 아니라 미래의 멋진 모습도 상상할 수 있을 뿐더러 그것을 보다 긍정적으로 평가할 수 있는 뇌의 영역과 기능을 갖고 있다는 것입니다. 아이들의 뇌는 자신의 긍정적인 미래 모습이 '진짜'인지 '가짜'인지는 관심이 없습니다. 그 모습이 비록 상상일지라도, 아직 오지 않은 미래의 모습이라 할지라도, 긍정적인 상황을 더 활발히 그리고 생생히 처리한다는 것이지요. 물론 뇌의 복잡한 상상력의 비밀은 앞으로도 계속해서 풀어나가야 하겠지만, 이를 성급하게 결론짓지 않더라도 우리 아이들의 뇌는 부정적인 내면의 목소리뿐만 아니라 더 좋은 것들을 담아내고 긍정적으로 평가할 수 있는 기본적인 능력이 있다는 것은 분명합니다. 오늘 밤 자기 전 아이와 함께 재미있는 실험을 하나 해보세요. 실험명은 바로 '멋진 미래의 모습 상상하기'입니다. 아이와 무한한 상상의 나래를 펼치며 가장 멋진 아이의 미래, 부모의 모습을 떠올려보세요. 최대한 생생하게 떠올릴수록 좋아요. 그리고 이 실험을 끝낸 후 서로의 표정을 살펴보세요. 분명하건데, 실험에 잘 참여했다면 모두의 얼굴에 웃음이 묻어 있을 거예요.

아이들이 미래를 상상하든, 어제 있었던 일을 떠올리든, 지금의 경험이 무엇이든 뇌는 상상과 실제를 구분하기 어렵습니다. 그저 떠올린 장면과 말들을 하나의 정보로 간주하여 처리할 뿐입니다. 다만, 그것을 뇌에서 생생하게 떠올릴 때 관련된 신체생리적 변화와 감정을 동반한다는 것이 중요하지요. 그래서 아이들이 자신을 향해 어떤 내면의 목소리를 들려주는지, 그리고 수많은 경험 중 어떤 경험을 떠올리는지, 자신의 미래를 어떻게 그려내는지가 지금 이 순간을 사는 아이 마음의 건강을 좌우하게 됩니다. 비록 내가 옆에 있는 친구보다 수학을 잘 못하고, 줄넘기 수행평가에서도 늘 실패하기는 하지만, 자신을 향해 어떤 말을 들려줄지는 오로지 아이의 마음에 달려 있지요. "많이 속상하겠구나. 친구와 비교하며 슬퍼하는구나. 힘들어하는 너를 위해 내가 친구가 되어줄게"라고 스스로에게 말할 수 있도록 친절히 안내해주세요. 부모나 선생님이 아닌, 자기 스스로에게도 이러한 친절한 말을 건넬 수 있음을 아이들이 배울 수 있도록 말이지요.

또 자신이 가진 내면의 자원에 빛을 비출 수 있도록 해주세요. 타인과의 비교는 그만한 대가를 치러야 하는데 그중 가장 무서운 것은 자신이 가진, 자기만의 아름다움을 발견하지 못하게 되는 것입니다. 다른 사람과 구별되는 나만의 아름다움을 찾아 생생하게 떠올려볼 수 있도록 안내해 보세요. 만약 친구에게 먼저 인사를 건네고 친구들을 향해 호의를 베푼 경험이 있다면 그 장면을 생생하게 떠올리고, 그때 드는 따뜻한 느낌을 흠뻑 느껴볼 수 있게 해주세요. 또 미래에 어른이 되어 있는 자신의 모습, 사무실 복도를 걸어가며 만나는 동료에게 가볍게 미소 지으며 인사하고 있는 장면을 구체적으로 상상할 수 있게 도와주세요. 이 모든 것들은 오히려 친구들과의 비교보다 더욱 진실된 정보이기도 합니다. 왜냐하면 비교의 기준은 모두 상대적인 것이고 늘 변화하기 마련이지만, 내가 친구들을 향해 친절한 인사를 건넸던 경험은 사실이며, 친절이라는 내면의 자원은 온전히 아이의 것이기 때문이지요. 내가 갖지 못한 무언가를 좇으며 살기보다, 내가 가진 마음의 내면적 자원을 발견하는 것! 그것이 아이들에게 가르쳐주고 싶은 마음챙김의 삶입니다.

자신이 원하는 것이 무엇인지 잘 모르는 아이를 위해

마트에서 쇼핑을 하던 중 실랑이 중인 엄마와 초등학교 3학년 정도되는 남자아이를 발견했습니다. 그 둘의 실랑이가 제법 큰 소리로 들려 도대체 무엇 때문에 서로 힘들어하나 유심히 듣게 되었지요. 엄마는 아이가 원하는 것을 분명히 말해주지 않아 애가 타는 마음에 답답해하고 있었고, 아이는 아이대로 채근하는 엄마로 인해 조급해진 마음에 잔뜩 긴장하고 있었습니다.

아이의 엄마는 아이에게 계속 같은 질문을 했습니다. "그러니까, 네가 스스로 선택하라고. 네가 원하는 게 뭔지 네가 알지, 엄마가 아니?" 그러나 아이는 고개를 숙이고 침묵으로 일관했습니다. 이를 보자 아이의 엄마는 "왜 또 말을 안 해? 자기가 원하는 것도 모르는 바보로 평생 살고 싶어? 너 친구들 앞에서도 이래?"라는 질문을 연달아 쏟아냈습니다. 결국 이 모든 질문에 아이의 대답은 단 두 가지였습니다. "몰라", 그리고 "미안해"였지요. 마트 안의 다른 부모들도 아마 그 엄마의 답답하고 암담한 마음을 느꼈을 수도 있습니다. 또 어떤 부모는 그 아이의 조급해지고 긴장되고, 엄마를 향한 미안한 마음을 함께 느끼며 덩달아 마음이 불편해졌을 수도 있습니다. 이 모든 상황의 핵심은 아이가 스스로의 생각을 알아차리고 표현할 수 있는가에 달려 있습니다. 아이는 자신의 내면을 들여다본다는 것이 무엇인지, 또 어떻게 해야 자신의 내면을 들여다볼 수 있는지 배우지 못했을 수도 있습니다. 더불어 이 아이의 엄마는 자녀가 자신의 내면을 들여다보도록 허용하고 수용하는 문화를 만들어주는 일에 있어 조금은 부족했을 수도 있습니다.

아이들은 초등학교에 입학 후, 이전보다 더 많은 것들을 스스로 생각하고 선택해야 합니다. 지금 숙제를 마치고 놀러 나가야 할지, 먼저 친구들과 놀고 나서 숙제를 해야할지, 체육대회에서 어떤 종목에 출전하고 싶은지, 모둠에서 어떤 역할을 하는 것이 좋을지, 편의점에 들어가 어떤 간식을 사먹어야 할지, 남은 용돈을 어떻게 해야 할지, 생일 파티에 누구를 초대하고 싶은지, 3학년에 올라가면 어떤 선배가 되고 싶은지 등등 너무나 많은 것들을 선택해야 합니다. 이러한 선택들 앞에 가장 중요한 목소리는 누구의 목소리일까요? 아이들보다 똑똑한 선생님? 아니면 내가 가장 사랑하는 친구? 그것도 아니면 늘 나의 선택을 도맡아 해주었던 믿음직한 부모님? 모두 아이들이 귀담아 들어야 할 목소리는 맞지만, 그 목소리에 아이들의 삶을 내주어서는 안 됩니다. 아이들은 자신의 내면의 목소리를 듣고, 그에 따라 행동하고, 결과를 기꺼이 책임져야 합니다. 결국 아이들이 태어나 죽기 전까지 마주할 다양한 결정들 앞에서 책임있는 의사판단을 내리기 위해 갖춰야 할 첫 번째는, 자기 내면의 목소리를 듣는 것임을 기억해야 합니다.

아이와 함께 옷과 가방을 사기 위해 쇼핑을 했던 적이 있습니다. 제 생각에는 나름 아이의 선택에 도움이 되고자 옷과 가방을 추천하며 이것저것 아이의 의견을 물었던 적이 있습니다. 하지만 동상이몽이라 했던가요! 저의 추천이 아이에게 도움이 되기는커녕 아이 마음에 짜증과 분노를 일으켰지요. 결국 엄마인 저의 추천을 참다못한 아이는 이렇게 소리 질렀습니다.

"엄마, 나도 내 마음이라는 게 있다고!!!" 순간, 저의 얼굴은 벌게졌고 머쓱한 마음에 아이에게 진심으로 사과해야 했습니다. 저는 아이의 손을 맞잡고 미안한 마음을 담아 이야기를 이어갔습니다. "맞아, 너의 마음에 질문하고 답하는 시간이었는데, 엄마가 방해해서 진심으로 미안해. 네 마음이 하는 대답으로 골라봐. 다만, 엄마는 이 옷은 지금 입으면 조금 더울 것 같아. 하지만 너가 필요하다면 사서 입어보고, 어떤 날씨에 입으면 좋을지 그것 또한 네가 경험하고, 생각하고, 판단해 봐"라고 말이지요.

간식을 고르고, 몇 시에 친구를 만나고, 오늘 어떤 신발을 신을지 등 일상 속 사소한 순간들마다 아이가 자신이 원하는 것을 내면에 물어볼 수 있도록 시간과 자유를 허용해주세요. 그리고 그 선택이 조금 미덥지 않더라도 아이들의 결정에 격려를 보내주세요. 만약, 아이가 자신의 선택을 후회하고 있다면, 그 결과를 책임질 수 있도록 아이의 힘든 마음에 함께해주세요. 마지막으로 아이가 선뜻 선택하고 결정하지 못해 도움을 청할 때에는 친절히 도와주세요. "아직, 잘 모르겠다는 마음이 들었구나. 그것도 네가 네 마음의 목소리를 들은 거야. 어른들도 무엇이든 바로 답이 떠오르지 않을 때가 많단다. 그때는 잠시 자신에게 시간을 주어보렴. 서두르지 말고 '내가 뭘 원하지?' 하고 친절히 묻고 또 물어봐. 그러면 언젠가는 답이 떠오를 수도 있어"라고 말이지요.

늘 자신 없어 하는 아이를 위해

무언가를 완벽히, 그리고 잘하는 것이 목표가 되어버린다면 아이들은 서로가 성능 좋은 기계가 되고자 앞다투어 경쟁하고 겨루게 될 것입니다. 하지만 우리는 아이들이 어른 세대들이 겪었던 무한경쟁과, 경쟁에서 도태되었을 때의 좌절감을 느끼길 원치 않습니다. 우리는 아이들이 삶에서 마주하게 되는 많은 경쟁에 기쁘게 참여하되, 실패했을 때 역시 자신에게 너그럽고 친절을 베풀 줄 아는 여유 있는 사람으로 성장하길 꿈꿉니다. 그리고 내 옆에 있는 친구나 동료가 어려움을 겪을 때마다 '힘내!'라는 그 흔하디 흔하나, 쉽게 하지 못하는 한마디를 건넬 줄 아는 멋진 어른이 되기를 바랍니다.

한글을 익히는 것이 더뎠던 저의 아이는 초등학교 입학을 6개월 앞두고 벼락치기로 뒤늦게 본격적인 한글 공부에 돌입했습니다. 글자에 대한 인식도 전혀 없는 상태에서 시작했기에 속도는 느렸지만 나름대로 한글을 익혀 가고 있었습니다. 그러던 찰나, 유튜브에서 초등학생 선배님(?)들로부터 청천벽력과도 같은 말을 듣게 되었습니다. 바로 초등학교에 입학하면 받아쓰기 시험을 본다는 것이었지요. 그뿐일까요? 친구들 앞에서 책을 읽어야 할 때도 있고, 친구들과 단체 메지시방에서 의견을 남기다 맞춤법이 너무 많이 틀리면 놀림을 당할 때도 있다는 사실을 알게 되었습니다. 아이는 그날 밤 쉽사리 잠들지 못한 채, 나지막한 목소리로 엄마를 불렀습니다. "엄마, 할 말이 있어. 초등학교에 가서 시험을 봤는데 F를 받아서 탈락하면 어떡하지? 나는 받아쓰기를 못하는데 어떡하지? 나는 학교를 아홉 살에 간다고 할까?"라고 말이지요. 아이의 이 같은 말에 저는 웃음이 새어 나왔지만, 아이는 여덟 살 인생에 있어 나름대로 큰 고민을 하고 있음을 알았기에 함께 대화를 나누었습니다. 지금은 단순히 한글에 뒤처지는 것이 걱정되는 것이겠지만, 앞으로 세상을 살아가다 보면 더욱 많은 장벽 앞에 부딪혀 자꾸만 작아지는 자신을 마주하게 될 테니까요. 저는 자신감이 떨어져 위축된 아이에게 자기 스스로를 어떻게 대하도록 안내해줄 수 있을까 고민하게 되었습니다. 그날 밤, 아이와 저는 말도 안 되는 특단의 조치를 취하게 되었습니다. 먼저, 그날 밤의 대화를 남겨보고자 합니다.

엄마: 그것이 고민이 되었구나. 지금 OO이 몸과 마음은

어때? 무거워? 답답해? 아니면 한숨이 나와?

아이: 그냥 답답해.

엄마: 너의 마음을 알아주다니, 우선 그것만으로도 멋져. 너의 힘든 마음을 네가 알아준다는 것은 참 멋지고 대단한 일이야.

아이: 근데 나는 진짜 글자 아직 7개밖에 모른다. 친구 A랑 B는 일기도 쓸 줄 안대. 나는 못해, 엄마. 그리고 친구들이 나한테 못생겼다고 했어.

엄마: ○○아, 세상에는 좋은 말, 나쁜 말, 모든 말들이 있어. 다른 사람들이 뱉은 나쁜 말들을 모두 피할 수도 없어. 대신 네가 어떤 말을 믿는지가 중요해. 네가 사랑하는 엄마와 아빠는 너에게 뭐라고 말하지?

아이: 나는 엄마 아빠의 사랑, 나는 못하는 것보다 잘하는 게 더 많아.

엄마: 그럼 네가 가장 사랑해야 하는 너 자신한테 뭐라고 말해줘야 할까?

아이: 못하는 것보다 잘하는 게 더 많다고.

엄마: 만약 네가 초등학교에서 받아쓰기를 잘 못하고 왔어. 그러면 엄마랑 아빠가 어떻게 해줬으면 좋겠어?

아이: "○○이는 잘할 수 있다!"고 말해주고, 즐겁게 해줬으면 좋겠어.

엄마: 그럼 네가 자신에게 "이번에는 잘 못했지만, 다음에는 잘할 수 있다!"라고 말해주자. 네가 진짜 사랑하는 너 자신이 너한테 하는 말이 중요하거든. 그럼 용기가 날 거야. 그리고 너의 초등학교에서의 첫 실패를 축하해줄게. 너의 첫 실패를 축하하고, 다음 시험을 용기내서 해보라는 의미로 축하 파티하자. 매번 할 수는 없지만 말이야. 파티 이름은 뭐로 정할까?

아이: 망쳤다 파티!!

엄마: 너무 좋은데? 그래, 네가 실패해서 힘들어하고, 자신 없어서 힘들어할 때도 엄마는 네 옆에 있어. 첫 실패를 위해 '망쳤다 파티'를 열어줄 테니 너의 실패를 마음껏 즐겨봐.

대화의 전문을 남기는 것에는 큰 용기가 필요했습니다. 모든 가정과 학교에 같은 상황, 같은 특성을 지닌 아이는 존재하지 않기에 위의 대화가 '표본'처럼 여겨질까 우려되었기 때문입니다. 어떤 상황이나 아이에게는 위와 같은 대화가 오히려 부적절할 수도 있습니다. 다만 여기서 말하고자 하는 것은, 어른으로서 응당 자신 없어 하는 아이를 돌보고, 위로와 격려의 말을 건네야 한다는 것입니다. 하지만 더욱 중요한 것은 아이 역시 자기 스스로에게 위로와 격려의 말을 건네는 법을 배워야 한다는 것입니다. 나아가 세상에서 들려오는 수많은 따뜻한 말, 날선 말 중에서 어떤 말을 믿고 자양분 삼아 살아가야 하는지를 배워야 합니다. 또한 실패를 두려워하고 무엇이든 잘 해내고 싶어 하는 아이의 한 손에, 우리가 그동안 해왔던 양육이자 교육이기도 한, 실패를 딛고 일어나 다시 해나가는 방법과 기술을 올려주는 것은 너무나 당연한 것이지요. 동시에 아이의 또 다른 한 손에는 마음챙김의 태도를 올려주어야 합니다. '너의 실패와 자신 없어 하는 모습 또한 있는 그대로 사랑하기를', '너의 실패와 자신 없어 하는 모습을 친절함으로 대하기를', '너의 실패와 자신 없어 하는 너 자신과 춤출 수 있기를' 바라는 마음을 말이지요.

억울함과 화로 가득 차 있는 아이를 위해

감정이라는 것은 단순히 가슴에서 느껴지는 기분만을 이야기하는 것이 아닙니다. 우리가 실제 감정을 느낀다고 지각하는 순간은 사실 몸의 생리적 변화를 알아차렸을 때입니다. 예를 들어 아이들이 자신이 슬프다고 지각하는 순간은, 그 전에 울컥거리며 올라오는 눈물, 깊게 쉬어지는 한숨 등의 신체적 변화를 통해서 이미 일어나고 있는 변화를 인식하게 될 때입니다. 화도 마찬가지예요. 주먹을 쥔 손에 힘이 들어가고 얼굴에 열감이 드는 순간, 나아가 정수리까지 열감이 치솟아 말 그대로 뚜껑이 열릴 것 같을 때, 그때 아이들은 자신이 화가 났다는 사실을 깨닫게 됩니다. 그렇기에 아이들이 자신의 감정을 조절하기 위해서는 먼저 그 감정이 드러나는 다양한 몸의 감각을 인식해야 합니다. (자세한 내용은 **'06. 첫 시작, 몸의 안녕 다지기'** 내용 참고)

아이도 어른도 유독 다른 무엇보다 조절하거나 해소하기 힘든 감정이 있다면 바로 화가 아닐까 합니다. 짜증과 분노는 열감을 동반하면서 얼굴을 붉어지게 만듭니다. 동시에 스트레스에 대한 생존 시스템인 '투쟁(싸우기)'에 돌입하면서 어깨와 팔을 중심으로 몸이 딱딱하게 굳어버리는 경험을 하게 됩니다. 호흡이 거칠어지고 맥박과 혈압도 상승하지요. 눈앞에 있는 호랑이를 물리쳐 생존하기 위해서는 호랑이보다 빨라야 하는 법! 그래서 우리의 몸은 아드레날린을 분출하며 단기 생존을 위한 교감신경계를 어찌나 활성화시키는지, 화가 가득 찬 아이들은 씩씩거리며 주체할 수 없는 모습을 보이게 됩니다. 발로 꽝꽝 책상을 차거나, 주먹을 쥐고, 고함을 지르고… 날뛰는 한 마리의 공룡을 다시 잠재우는 것이 얼마나 힘든지 잘 알기에 부모는 온갖 방법을 동원해 봅니다. 조용히 하라고 소리를 지르고, 혹자는 화가 나면 차라리 인형을 대신 때리라고 말하기도 합니다. 아이를 다른 사람이나 공간으로부터 분리하기도 하지요. 하지만 이 모든 방법들이 쓸모없다고 느껴지는 것은 왜일까요? 앞서 말한 분노를 인식하는 일이 서툴기 때문입니다. 분노에 휩싸인 상태에서 자신의 감정을 자각할 수 있는 아이는 한 명도 없습니다. 자신의 분노를 인식하기 위해서는 분노가 아이를 집어삼킬 때가 아니라, 마음에 작은 불씨를 지피기 시작할 때입니다. 우리는 이 작은 분노의 불씨가 아이의 몸에서 느껴지기 시작하는 그 순간을 포착해야 합니다. 특히 분노와 짜증은 작은 정서적 자극에도 쉬이 '분노'라고 이름 붙이는 특성이 있습니다. 그렇기에 아이 스스로가 자신의 몸에서 느껴지는 감각 하나하나를 호기심을 갖고 살펴보는 것이 중요합니다. 알고 보니 그저 서운함으로 인한 가슴의 따끔거림, 외로움으로 인한 울컥함이었을 수도 있습니다. 하지만, 이러한 작은 불씨를 인식하고 알아채지 못한 채 아이들은 그 모든 불편한 감정에 '분노'라는 이름을 붙여버립니다. 그렇게 결국 분노에 잡아먹힌 채 날뛰게 되는 것이지요. 그렇기에 아이들은 자신의 몸을 어린아이 같은 호기심 어린 태도로 관찰하는 연습을 꾸준히 해야 합니다. 그리고 어른은 아이가 작은 불만과 짜증으로 힘겨워할 때를 지나쳐버리지 말고 물어봐 주세요. "지금 이 순간, 너의 몸에서 어떤 불편함이 느껴지니?"라고 말이지요. 큰 불씨보다 작은 불씨를 끄는 것이 쉽고 안전한 법임을 모두가 아는 것처럼, 작은 불씨로 힘들어하는 아이를 위해 우리가 아는 분노를 잠재우는 지혜로운 방법을 알려주세요.

두 세 차례 깊게 호흡하기, '하~' 하고 하품 한 번 해보기, 시원한 물 한 잔 마시기, 기지개를 켜듯 스트레칭 한 번 하기, 사탕 천천히 녹여 먹기 등 이 밖에도 창의적이고 간단한 방법들을 찾아 아이와 함께 시도해 보세요. 과학자처럼, 탐험가처럼 말이지요. 분노가 커지고 있는 아이 가슴에 부교감 신경을 활성화시키며 보다 편안하고 안전한 신경계를 만들어보는 경험이 필요합니다. 하지만 그것이 무엇이든 모두에게 정답이 될 수는 없습니다. 어떤 방법은 나의 아이에게 적합하지 않을 수도 있습니다. 그러니 세상의 즐거운 실험에 참여하고 있는 것처럼 우리 아이에게 맞는 방법을 찾아보세요. 무엇보다 이처럼 신경계를 안정화시키는 방법이 가볍게 보일지라도, 가벼이 여기지 않는 마음으로 하나씩 시도해 보는 것이 중요합니다.

다음 장에 억울함, 짜증, 분노 등으로 인해 아이 마음에 평정심이 필요한 순간, 함께해 볼 수 있는 마음챙김 활동 하나를 소개합니다. 이 활동에서 주의의 대상이 발바닥인 이유는, 위로 솟아 있는 에너지와 정신을 신체의 가장 아래에 있는 발바닥으로 가져오기 위함이에요. 지면을 딛고 서서 발바닥을 통해 그 단단함과 든든함을 느끼면서 평정심을 찾아보세요. 유쾌하지도 불쾌하지도 않은 중립적 대상에 주의를 기울일 때 분노와 같은 불편한 감정이 더 잘 해소되는 경향이 있습니다. 다만, 이러한 활동도 분노가 아직 작은 불씨일 때 해야 한다는 것을 잊지 마세요! 만약 시간이 허락된다면, 오히려 편안한 일상생활 중에 자주 연습해 보는 것이 더 좋습니다. 그래야 정말 아이 마음에 작은 불씨가 켜졌을 때 평소에 습관처럼 연습해 둔 방법을 즉각적으로 적용시켜 빠르게 평정심을 찾도록 도와줄 수 있을 테니까요.

발바닥에 집중하기

(아이에게 앉거나 일어선 자세에서 발바닥이 바닥에 닿는 느낌을 느껴보도록 안내해주세요.)

- 발바닥이 바닥에 닿아 있는 감촉을 느껴보세요.
- 발바닥의 감각을 더 잘 느끼기 위해서 발을 부드럽게 앞뒤, 좌우로 살짝 움직여봐도 좋아요.
- 무릎으로 살짝 원을 그리면서 발바닥에서 일어나는 감각의 변화를 느껴보세요.
- 바닥이 어떻게 내 몸 전체를 받치고 있는지를 느껴보는 것도 좋아요.

- 이런 저런 생각이 들면서 마음이 흩어지면, 다시 마음을 발바닥으로 가져오세요.

- 다시 천천히 발바닥의 느낌에 집중하며, 나의 작은 발로 몸 전체를 떠받치고 있음을 알아차려 보세요.

- 원한다면, 그동안 너무나 당연하게 생각했던 내 발의 수고에 대해서 감사하는 마음을 가져봅니다.

게임, 핸드폰을 놓을 줄 모르는 아이를 위해

아마도 요즘 아이들을 돌보는 어른들의 가장 큰 고민은 '아이에게 핸드폰을 얼마나 허용해야 하는가'일 것입니다. 흔히 '디지털과의 전쟁'이라고 하지요. 디지털 전쟁은 그 어떤 가정도 피해갈 수 없는, 나만의 고민이 아닌 우리 모두의 고민거리입니다. 앞서 이야기한 것처럼 디지털 원주민으로 살아가는 아이들에게 디지털 기기의 현명한 사용법을 알려주었다면, 이제는 디지털로부터 잠시 벗어나 자연과 친구들을 벗 삼아 살아가는 방법을 안내해주어야 합니다.

첫째, 아이와 함께 자연과 사람이 주는 것들에 대해 음미해 보는 시간을 가져보세요. 최근 아이들과 캠핑을 떠났을 때, 자연이 주는 것들을 얼마나 만끽하고 오셨나요? 혹은 비오는 날 아이와 등하교를 할 때 빗소리와 청량한 바람에 흠뻑 젖어본 적이 있나요? 힘주어 애쓰면서 디지털 기기를 내려놓고자 씨름하기보다는, 디지털 밖의 세상인 자연과 사람이 주는 것들을 마음에 차곡차곡 쌓게 되면 아이가 그것이 주는 혜택을 더 느끼고자 스스로 자연과 사람을 찾아가게 됩니다. 왜냐하면 인간은 본능적으로 자신에게 더 많은 혜택과 이득을 주는 것들을 찾아 나서기 때문입니다.

모든 문제 행동을 다루는 기본적인 공식은, 통제가 아닌 대처법이 적용되었을 때 변화가 찾아온다는 것입니다. 그렇기에 컴퓨터나 핸드폰 없이 살아보라고 말하기보다는, 오늘 등원길에 만난 빗소리에 귀를 기울여보고, 부모님과 함께 떠난 캠핑에서 만난 상쾌한 바람과 공기를 힘껏 마음에 담을 수 있도록 도와주어야 합니다. 물론 이런 일들이 하루아침에 핸드폰을 손에서 놓게 만들지는 못해요. 하지만, 이러한 경험들이 차곡차곡 쌓이게 되면 아이들의 내면은 자연과 사람이 주는 감동과 따뜻함으로 조금씩 채워지게 될 것입니다. 그리고 이것은 아이들 내면의 자원이 되어 어른이 되었을 때 사람 관계로 머리가 아프고 회사 업무로 잔뜩 긴장된 삶을 살고 있을 때, 다른 사람에게 도움을 요청하거나 잠시나마 자연이 주는 고요함 속에서 휴식하고 재충전할 줄 아는 사람이 되도록 이끌어줄 거예요.

둘째, 하루 중 잠시 디지털 기기를 멀리할 수 있는 고정된 일과나 장소를 만들어보세요. 저희 집 거실 한 구석에는 디지털 기기는 갖고 들어갈 수 없는 '마음챙김 구역'이 있습니다. 이름만 들으면 거창할 것 같지만, 실은 작고 동그란 방석 위에 몇 가지 악기들이 놓여 있을 뿐입니다. 멜로디언, 핸드드럼, 아이가 악기로 사용하고 있는 빈 쿠키 상자가 악기라는 이름으로 한 자리씩 차지하고 있지요. 악기 연주를 좋아하는 아이의 취

향대로 놓아둔 것입니다. 그렇다고 아이가 악기 연주를 잘하는 것은 아닙니다. 그저 좋아할 뿐입니다. 마음대로 그 시간을 즐기도록 하는 것이지, 잘하기 위해 노력해야 하는 것들은 하나도 없습니다. 이처럼 집 안 어딘가, 혹은 아이 방 한편에 '잘하는 것'이 아닌 그저 '즐기는 것'이 놓인 공간과 시간을 만들어주는 것도 좋습니다. 이 공간에서는 지켜야 할 규칙이 하나 있습니다. 핸드폰과 같은 디지털 기기는 잠시 눈에 보이지 않는 곳에 두고 진심을 다해, 오로지 그곳에서의 평온함과 즐거움에 흠뻑 빠지는 것입니다.

셋째, 중독의 다른 이름은 인내의 어려움입니다. 게임의 경우, 마지막 한 번만 더하면 이 단계를 뛰어넘을 수 있을 것 같고, 한 단계 한 단계 나아갈수록 게임 속 악당들을 처치하며 느껴지는 쾌감은 더욱 강렬해집니다. 그래서인지 게임을 하지 않고 핸드폰을 손에서 놓고 있을 때에도 머릿속에는 온통 게임 생각뿐입니다. 아이들은 게임을 하지 않을 때의 무료함을 견디는 것도, 게임을 하고 싶다는 충동을 조절하는 것도 모두 어려워합니다. 디지털 세상 밖에 사는 무미건조함을 견디는 것도, 디지털 세상에 푹 빠져 살고 싶은 충동도 아이들에게는 모두 견뎌야 할 것들이지요. 그렇기에 아이들 마음에 자리 잡아야 할 기초 훈련과도 같은 능력은 바로 '감내력'입니다. 집을 지을 때 기초 공사를 튼튼히 해야 오래 안정적으로 살 수 있는 집이 완성되는 것처럼, 아이들이 강렬한 도파민 충동 속에서도 안정적으로 디지털을 사용하기 위해서는 감내력을 배워야 합니다. 아이가 핸드폰이나 게임을 하고 싶다고 이야기하거나, 이 같은 문제로 실랑이가 벌어질 때 다음과 같이 말해주세요.

"그것들은 그저 감정일 뿐이야. 특히 충동은 파도와도 같아. 그래서 밀물처럼 몰려왔다가도 시간이 지나면 금방 썰물처럼 지나가 버려. 그러니 우리 잠시만 호흡하며 파도를 타듯 충동을 지켜보자.
들숨과 함께 파도 위 서핑을 타듯이 충동을 느끼고, 날숨과 함께 썰물처럼 멀리 가버리는 충동을 느껴봐. 이렇게 몇 번 반복하면 네 마음속 충동이 어느새 사라져 있을 거야. 그럼 멋진 서퍼처럼 너의 충동에 손을 흔들어줘. 잘 가라고 말이야.
처음은 어렵겠지만, 이렇게 반복하다 보면 너는 네 마음속 충동을 스스로 잠재우는 멋진 서퍼가 되어 있을 거야."

외롭고, 소외감을 자주 느끼는 아이를 위해

아이들을 힘겹게 하는 것 중 하나는 바로 관계의 단절입니다. 관계를 맺고 유지하고자 하는 바람은 인간에게 있어 생존이 달린 매우 기본적인 욕구입니다. 만약 아이가 밥을 한 숟가락도 먹지 못한 채 한 달을 버티면 어떻게 될까요? 사실 한 달도 버티기 힘들 수 있겠지요. 그만큼 아이가 관계에서의 단절, 결핍을 경험하고 있다면 아이의 마음은 늘 아우성치고 있을 것입니다. '제발 살려주세요' 하고 말이지요. 곁에서 아이들의 일상을 늘 마주하고 돌보는 이들이라면 이러한 아우성이 더욱 크게 들릴 것입니다. 그래서 관계의 문제를 해결해주고자 아이에게 친구와의 문제에 대해 다시 생각해 볼 수 있도록 대화도 나누고, 친구들과 친하게 지내는 방법도 알려주고, 또 친구들과의 모임을 만들어주기도 하면서 많은 노력을 할 것입니다.

친구들과 관계 맺는 방법은 아이의 삶에 있어 꼭 필요한 기술임이 틀림없습니다. 그래서 마땅히 어른들이 세심히 가르쳐주고 알려주어야 하는 중요한 기술이지요. 그러나 이때 우리가 간과하는 것이 있습니다. 아이에게 '외로움, 소외감'을 수용하는 방법도 알려주어야 한다는 사실입니다. 왜 이러한 것을 아이의 삶에 받아들이도록 해야 하는가 반문할 수도 있습니다.

왜냐하면 내 자녀, 혹은 나와 매우 가까운 아이와 같이 내가 사랑하는 사람일수록 좋은 것들만 전해주고 싶기 때문이겠죠. 그럼에도 불구하고 아이가 외로움과 소외감마저 수용할 수 있도록 안내해주어야 하는 이유는, 커피를 마시거나 누군가와 대화를 나누거나, 이 책을 읽고 있는 순간에도 우리는 언제든 외로울 수 있기 때문입니다. 그렇기에 그저 지금의 아이가 겪고 있는 관계의 문제를 해결해주려는 노력 외에 그 외로움과 소외감을 수용하는 방법도 가르쳐주어야 합니다. 그리고 수용은 힘겨운 감정이 커지는 것을 막는 유일한 해결책이기도 합니다.

외로움과 소외감이 아이의 마음 전부를 갉아먹지 않도록 하기 위해서는 우선 "아, 이것이 외로움이구나. 이것이 서운함이구나. 이것이 소외감이구나"와 같이 힘겨운 감정들에 각각 이름을 붙입니다. 그리고 이것이 인간의 보편적 경험임을 안내해주세요. 돈이 많든 적든, 나이가 많든 적든, 인종과 문화와 성별, 성적 지향성이 어떠하든, 모든 살아 있는 사람들은 외로움, 소외감을 느낀다는 사실을 말이지요. 내가 힘겨워하는 순간, 나만 힘든 것이 아님을 아는 것만으로도 우리는 큰 위안을 얻습니다. 아이들에게 모두가 '나와 같은 사람'임을 가슴 깊이 새겨주어야 합니다. 아이들에게 안내할 수 있는 〈나와 같은 어린이〉 활동이 있습니다. 이 활동은 미국의 사회정서 학습과 마음챙김 전문가인 트리시 브로더릭Trish Broderick 박사가 '호흡하는 법 배우기Learning to Breathe'라는 청소년 대상 마음챙김 프로그램에서 사용하는 연습법으로, 구글의 엔지니어이자 명상 전문가인 차드 멍 탄Chade-Meng Tan의 작업을 각색하여 어린이들이 함께할 수 있도록 만든 것입니다. 아이들에게 외로움과 힘겨움을 겪는 것이 비단 자기 혼자만이 아님을 알게 하고, 외로움과 힘겨움을 겪고 있는 다른 친구들이 모두 편안해지기를 바라는 친절한 마음을 길러주는 활동입니다.

나와 같은 어린이

이번 활동을 통해 여러분은 이 세상의 모든 어린이들에게는 공통점이 있고, 또한 비슷한 소망을 품고 살아간다는 것을 알 수 있을 거예요. 비록 나와는 생김새가 다르고 먼 곳에 살고 있는 어린이라고 하더라도 말이에요. 이 기회를 통해 여러분의 마음에 있는 '친절의 방'에 더 많은 친구들을 초대해 보세요.

먼저 편안한 자세로 앉아 눈을 감아보세요.
천천히 호흡하며 마음을 가라앉히고 여러분의 친구나 알고 지내는 다른 아이를 떠올려보세요.
그리고 그 아이를 떠올리며, 마음속으로 다음과 같은 말을 들려주세요.

"그 아이는 나와 같은 사람이야."

"그 아이는 나처럼 감정과 생각이 있어."

"그 아이는 나처럼 상처받고, 화나고, 슬프고, 실망한 경험이 있어."

"그 아이는 나처럼 친구를 사귀고 행복해지고 싶어 해."

"그 아이는 나처럼 안전하고, 건강하고, 사랑받는 사람이고 싶어 해."

눈을 뜨고 이 말을 마음속으로 하는 동안 어떤 기분이 들었는지, 또는 마음이나 몸에서 어떤 일이 일어났는지 친구나 부모님, 선생님과 함께 이야기 나눠보세요.

혹은 원한다면 그 느낌을 글이나 그림으로 표현해 보는 것도 좋아요.

이제 다시 눈을 감고 그 아이를 위해 소원을 빌어주는 시간을 가져보세요.

"그 아이가 용기 있고 강한 사람이었으면 좋겠어."

"그 아이가 자신이 가족과 친구들에게 아주 소중한 사람이라는 걸 알았으면 좋겠어."

"그 아이가 자기 자신에 대해 믿음을 가졌으면 좋겠어."

"그 아이도 나와 같이 행복할 자격이 있으니 충분히 행복했으면 좋겠어."

이제 복도를 지나다가 친구를 만난다면, 등굣길에 친구와 눈이 마주친다면, 우리가 함께 연습한 위의 말들을 마음속으로 들려주며 친구와 인사를 나누세요.

"네가 오늘 충분히 행복했으면 좋겠어"라고 말이지요.

만약 아이의 외로움이나 친구들과의 갈등 문제가 어른의 지지와 지원이 필요한 문제라고 판단된다면, 튼튼하고 안전한 집을 짓듯 다음과 같은 사회적 기술을 하나씩 알려주세요.

첫째, 친절 어린 '경청'입니다. 또래 관계의 기술 중에 공감이라는 개념이 자주 사용하는 데, 이때 공감과 친절 어린 경청은 의미가 조금 다릅니다. 실제 공감을 할 때 사람들은 주로 부정적인 감정을 담당하는 뇌의 부위가 활성화됩니다. 그렇기에 '공감피로'라는 말도 있지요. 공감을 하게 되면 친구의 고통과 아픔이 나의 고통과 아픔처럼 느껴져 오히려 친구의 힘든 소식이나 이야기를 듣는 게 너무나 힘겨운 일이 되어버립니다. 하지만, 친절 어린 경청은 친구의 이야기를 주의 깊게 듣되, 내면에 '너의 힘든 마음이 줄어들기를 바래. 너의 마음이 편안하기를 바래'라는 소망을 품고 듣는 것을 말합니다. 따라서 경청을 하는 동안에는 실제 긍정적인 감정을 담당하는 뇌의 부위가 활성화되면서 친구의 힘든 사건과 이야기도 충분히 들어줄 수 있게 되는 것이지요. 또 이러한 친절 어린 경청은 곧, 아이들로 하여금 다른 사람이 말을 할 때 그들의 관점이 자신과 다르더라도 보편적 인간성에 대한 이해를 바탕으로 타인에 대한 존중과 이해, 열린 마음을 갖고 들을 수 있도록 돕습니다. 그렇기에 경청은 성숙한 의사소통에서 갖추어야 할 가장 중요한 요소 중 하나가 될 수 있습니다. 우리 아이들이 타인과 소통할 때 배려심을 갖고 자신의 욕구와 바람 등을 적절히 표현하기 위해서는 반드시 친절 어린 경청이 우선 연습되어야 할 것입니다.

둘째, 도움주기입니다. 아이가 또래로부터 소외되거나 외로움, 갈등으로 인해 힘들어한다면 다른 사람과 함께하는, 다른 사람과 연결되는 방법을 찾아 함께 시도해 보는 노력도 필요합니다. 이를 위해서는 아이들의 내적 자원인 '용기'를 꺼내어 쓸 때이지요. 도움을 준다는 것은 다른 사람의 필요에 적합하고 자신의 능력에 맞는 방법으로 소통하거나 그 이상으로 타인을 도와줄 수 있는 방법을 말합니다. 그렇기 때문에 누군가에게 도움을 준다는 것은 실천하기 까다롭고 복잡한 일이 아닙니다. 예를 들어, 수업 시작 종소리에 맞춰 뛰어오는 친구를 위해 교실 문 잡아주기, 손에 물건이 많아 가방에 소지품 넣기 힘들어하는 친구를 위해 대신 물건 넣어주기와 같이 매우 간단한 일들입니다. 다만, 이때 중요한 것은 자신의 능력에 맞는 방법으로 소통해야 한다는 것뿐만 아니라, '다른 사람의 필요에 적합한가'도 고려해야 한다는 것입니다. 즉, 아이들에게 누군가에게 도움이 필요하다고 생각되어질 때는 가볍지만 친절하고 따뜻한 어조로 "도와줄까?"라고 도움이 필요한지를 묻는 것 또한 작은 친절 행동이라고 알려주세요. 실제로 이러한 작은 친절 행동을 통해 '사회적 지지체계'를 구축하는 것이 또래 관계에서의 거절, 거부, 소외로 인해 트라우마를 겪은 친구들에게 관계에서의 상처를 극복하는 데 도움이 되는 것으로 나타났습니다. 이렇게 또래 관계에서 누군가에게 도움을 주는 행동은 아이들로 하여금 만족감, 뿌듯함과 같은 단기적인 혜택뿐만 아니라 개인의 안녕감과 장기적 행복감에도 긍정적 영향을 미치는 것으로 나타났습니다.

완벽하려고 애쓰는 아이를 위해

AI 인공지능, 컴퓨터, 내비게이션을 한번 떠올려보세요. 그리고 어떤 느낌이 드는지 그 느낌을 들여다보세요. 이번에는 달큼한 꽃향기, 선선한 봄바람, 푸른 하늘, 하얀 뭉게구름, 고즈넉한 산, 청량한 강을 떠올려보세요. 이번에도 어떤 이미지나 기분이 드는지 내면의 경험을 있는 그대로 수용해 봅니다. 어떠셨나요? 만약 이 두 가지 경험을 비교해 본다면, 무엇을 떠올렸을 때 머리가 아닌 가슴이 떨렸나요? 둘 중 무엇을 떠올렸을 때 감동이 느껴졌나요? 아마도 대부분의 사람들이 꽃향기, 봄바람, 푸른 하늘 등을 떠올렸을 때 입꼬리가 올라가고, 미소가 지어지면서 가슴이 열리는 듯한 기분을 느꼈을 것입니다. 어쩌면 호흡도 안정되었을지 모릅니다. 꽃과 바람, 산과 호수, 하늘과 나무 등의 자연이 가진 힘은 바로 여기에 있습니다. 이것들은 아이들에게 "나처럼 완벽하게 살아"라고 이야기하지 않습니다. 꽃봉오리가 피든 지든, 하늘이 푸르든 어두컴컴하든 어떤 모습일지라도 그저 존재하는 것만으로도 우리들 마음에 감동을 줍니다. 존재 자체가 생명력을 느끼게 하고, 그 자체로 가치 있는 것들이지요.

우리가 아이들에게 꼭 전해야 할 메시지도 이와 같습니다. "완벽하고 애쓰는 모습도 삶의 어떤 순간에는 필요하겠지. 하지만 너의 삶을 모두 그것들로 채우지는 마. 그저 웃고 울고, 먹고 떠드는 그 모든 순간들로 너를 채우렴. 그저 너로서 존재하는 그 순간들이야말로 네가 진정 빛나기 때문이지"라고 말이지요.

하지만 어느샌가 공부도 과제도 축구도 악기 연주도 완벽하게 잘 해내려고 애쓰는 것이 아이들의 습관이 되어버렸습니다. 배움이 중요한 시기에 무엇이든 열심히 하려는 자세는 너무나 좋은 일입니다. 다만, 아이의 삶에 한마디 메시지를 새길 수 있다면 그것은 바로 "노력하되 애쓰지 않는 삶을 살라"는 것입니다. 잘해야 한다는 압박감과 부모와 선생님의 기대를 작은 어깨에 한껏 짊어지고 사는 것이 아닌, 할 수 있다는 희망과 설렘이 가슴에 가득 찬 상태로 배움에 열심인 아이로 성장하는 것!

이것이 진정 우리가 아이들에게 알려주어야 하는 삶의 자세입니다.

제가 만났던 아이 중에 글씨가 조금만 틀려도, 영어 단어 시험에서 하나만 틀려도 노트를 찢어버리는 친구가 있었습니다. 늘 자신의 노트에는 동그라미만 남아야 한다고 주장하는 아이였지요. 색종이를 접다 조금만 선이 어긋나도 새로운 색종이를 달라고 요구했습니다. 완벽하려고 애쓰는 그 친구를 위해 준비한 것은, '우리들만의 실수 파티'였습니다. 실수를 할 때마다 우리만의 배경음악(아이는 '축하 팡파르'를 선택했습니다)을 크게 틀어놓고, 고깔모자를 쓰고 박수를 치며 장난감 케이크의 촛불을 켜는 우스꽝스러운 의식을 치렀습니다. 단순히 실수를 웃음으로 넘겨버리려는 의도가 아닙니다. 실수를 쓰레기마냥 취급하며 버리는 아이에게, 그 실수를 쓸어 담아 책상 위에 올려주었을 뿐이지요. 파티를 가장하여 아이는 자신의 실수를 마주하게 되었습니다. 그렇게 매일 조금씩 자신의 실수를 마주하면서 아이는 오히려 그 실수로 인해 잠시 웃을 수 있음을 알게 되었습니다. 수업을 종결할 때 아이가 만든 실수 인형의 가슴 한편에는 이러한 문구가 적혀 있었습니다. "실수해줘서 고마워. 덕분에 많이 웃었어"라고 말이지요.

모든 실수를 허용하자는 말도, 아이에게 실수 따위 가볍게 웃어 넘겨버리라고 말하라는 것도 아닙니다. 아이가 삶에서 실수를 할 때마다 스스로를 향해 미소 지을 수 있는 단단한 사람이 될 수 있도록 도와주어야 한다는 것입니다. 이를 위해서는 작은 여유와 함께, 다양한 감정을 경험할 수 있는 것들을 아이의 삶에 가까이 두어야 합니다. 여기 일상에서 아이들과 함께해 볼 수 있는 몇 가지 간단한 팁을 소개합니다. 중요한 것은 이것은 평소 완벽하려고 애쓰는 아이들을 위한 마음챙김 활동이니, 이 같은 안내에 따르기 위해 또다시 애를 쓰는 실수는 범하지 말아야 한다는 것입니다. 그저 가볍고 즐거운 마음으로 해보기를 권합니다.

첫째, 일상에서 경이로운 순간을 포착해 보세요. 수학 공식처럼 늘 완벽을 기하려 하는 아이들에게, 자연은 완벽하지 않아도 됨을 알려주는 스승과도 같습니다. 그렇기에 유연하게 변화해 가는 자연의 모습을 보고, 경험하고, 느끼는 순간들을 많이 만들어주어야 합니다. 만약 필요하다면 핸드폰을 준비해도 좋아요. 함께 밖으로 나가 아이를 미소 짓게 하고 기쁨을 가져다주는 자연의 무언가에 주목하고, 핸드폰으로 사진을 찍어 보세요. 아이가 원하는 만큼 사진을 찍어서 핸드폰이나 컴퓨터에 폴더를 만들어 저장해 볼 수도 있어요. 아이가 쉽게 열어볼 수 있는 곳에 저장하세요. 그런 다음 아이가 완벽하려고 애쓰다 실수하여 낙담했을 때나 기분이 가라앉을 때 아이가 직접 찍은 그 사진들을 찾아서 보여주세요. 아이의 기분이 변화하는 것을 알아차릴 수 있을 거예요. 더불어 이 활동은 친구나 부모님 등과도 함께해 볼 수 있습니다. 왜냐하면 즐거운 것을 함께 공유하는 것만으로도 기쁨은 배로 커지니까요. 친구, 부모님과 서로 찍은 자연의 경이로운, 미소 짓게 하는 멋진 사진들을 공유하고 또 무슨 일이 일어나나 지켜보세요! 이러한 사소한 교류가 서로에게 얼마나 큰 기쁨을 가져다주는지 놀라게 될 것입니다. 우리는 인간으로서 모두 함께 공유하는 정서적 힘겨움 같은 특정한 것들을 '보편적 경험'이라고 부릅니다. 하지만 우리가 다른 이들과 연결될 때 경험하는 기쁨 또한 우리가 인간으로서 공유하는 보편적 경험입니다. 아이들이 자신에게 흥미로움과 기쁨을 주는 것들을 다른 사람과 함께 나누면 서로 연결되는 기쁨도 느낄 수 있습니다. 혼자서 애쓰며 힘들어하는 아이에게, 여유로움과 함께하는 기쁨을 선사할 수 있는 즐거운 활동이 될 수 있을 거예요.

둘째, '애쓰지 않기, 완벽하지 않기'라는 말보다 '이 어려움을 해결하는 데 어떤 방법들이 있을까?'라고 질문해 보세요. 사실 아이가 완벽하려고 혼자 애쓰고 있다는 것은, 어떠한 문제를 해결하고 목표를 달성하기 위해서는 '혼자' 애쓰는 방법밖에 없다고 생각하기 때문입니다. 따라서 아이가 목표를 달성하는 과정 중에 어떤 문제가 있다면 다음과 같은 영역에서 다양하고도 창의적인, 수많은 방법들을 함께 찾아보도록 해야 합니다. 예를 들어 '그 목표를 위해 네가 몸으로 할 수 있는 일은 무엇일까? 네가 마음으로 할 수 있는 다양한 일은 무엇일까? 네가 다른 사람과 함께할 수 있는 일은 무엇일까? 만약, 다른 사람이 너와 같이 이 문제를 완벽하게 해결하고 싶어 한다면, 너라면 어떤 색다른 방법을 안내해주겠니? 그 사람에게 지금 도움이 되는 다른 방법은 무엇일까?'라고 질문을 던져보세요. 아이가 문제를 해결하고 싶어 하고, 성취하고 싶어 하는 그 욕구는 수용되어야 할 욕구입니다. 우리 모두는 자기 앞의 문제를 해결하고 싶어 하고, 특히 잘 해내어 다른 사람들로부터 인정받고 싶어 하지요. 그것은 인간 모두가 가지고 있는 자연스러운 욕구입니다. 그렇기에 아이의 욕구는 있는 그대로 인정하면서도, 보다 열린 마음과 넓은 식견으로 '혼자서 애쓰기' 외에 다른 어떤 해결 방법은 없을지 함께 머리를 맞대고 창의적인 방법을 고민하는 과정이 필요합니다. 이때 아이들은 '단단한 마음'을 배우게 됩니다.

마지막으로 욕구와 감정에 대한 구별이 필요합니다. '욕구'는 '충족'과 '충족되지 않는'이라는 개념과 함께 사용되는 용어입니다. 하지만, 감정은 어떤가요? 충족된다는 말보다 '느낀다' 라는 개념과 함께 사용되는 용어이지요. 만약 아이 내면에 인정에 대한 욕구가 자리 잡고 있다면, '충족되지 않는 인정에 대한 욕구'는 불충분함, 불만족감이라는 감정을 유발하게 됩니다. 그리고 이러한 감정은 다시 아이로 하여금 '완벽하게 하기, 애쓰기'라는 행동을 유발합니다. 즉, 아이의 완벽하게 애쓰는 행동 이면에 숨어 있는 충족되지 않은, 충족되지 못한 욕구는 무엇인지 함께 탐색해 보는 노력이 필요합니다. 만약 아이가 어느 날 완벽하게 과제를 하고자 한다면, 작은 실수도 용납하지 못하고 불안해한다면, 먼저 이렇게 말해 보세요. "한 번 깊게 숨을 들이마시고, 내쉬어봐. 먼저 너 자신을 편안하게 돌보는 것이 필요해"라고 말이지요. 그리고 아이가 진정되면, 아이 내면에 숨어 있는 충족되지 않는 욕구에 대해 이야기 나누어보세요. "만약 네가 이 과제를 완벽하게 해낸다면 너에게 어떤 일이 벌어질 것 같아? 만약 네가 이 과제를 완벽하게 해내지 못한다면 너에게 어떤 일이 벌어질 것 같아?"라고 말이지요. 그 결과가 '인정의 욕구, 연결의 욕구, 성취의 욕구' 중 그 어떠한 것이라 할지라도 아이의 욕구는 그 자체로 수용되고 받아들여져야 합니다. 동시에 충족되지 못한 욕구로 인해 어떤 감정으로 아이가 힘들어하는지도 물어봐 주세요. "그 순간 네 마음에 어떤 감정이 찾아오니? 슬픔? 조바심? 두려움? 불안? 그런 것들은 그저 감정이란다. 너의 몸 어디에서, 어떻게 그 감정이 찾아오는지 느껴봐. 감정은 그저 손님과도 같아. 언젠가 돌아가는 손님 말이야. 우리가 할 수 있는 것은 그저 찾아온 손님에게 인사를 건네고 잠시 머물다 가라고 해주는 일 뿐이야. 그렇게 하면, 그 감정 손님은 시간이 지나면 돌아가. 실제 사람들이 느끼는 기분은 90초를 넘기기 힘들다고 해. 하지만, 네가 '이 기분 싫어. 이 손님 싫어. 저리 가'라고 하는 순간, 그 감정 손님은 무서운 손님으로 돌변해서 너의 마음 집에 더 오랫동안 머물다 간단다. 그러니 잠시만 기다려줘"라고 설명해주세요. 아이들이 애써서 완벽을 기하고자 했던 그 통제적 전략 방식은 아마도 충족되지 못한 욕구로 인한 불안, 두려움, 조바심을 어떻게 해서든 아이 나름대로 통제하고, 조절하고자 했던 전략이자 방식이었습니다. 어떻게 보면 아이를 힘들게 하는 감정으로부터 자신을 보호하고자 했던 생존 방식이었을 수도 있습니다. 이제는 아이가 실수로 힘들어할 때, 자신의 충족되지 않는 욕구와 감정을 받아들이는 삶의 기술을 알려주세요.

Part 4

마음챙김의 시작은 부모로부터

13

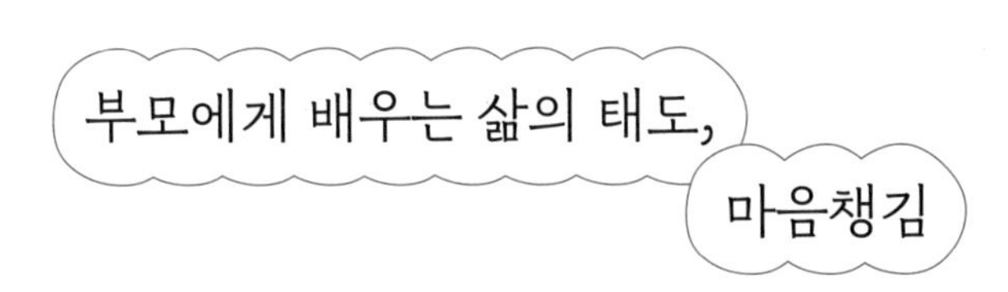

'마음챙김 양육Mindful Parenting'을 함께 배운 부모님들은 다음과 같이 말합니다.

엄마 A: 마음챙김을 배운 후, 초심자의 마음으로 아이를 바라보는 마음을 갖게 됐습니다. 처음 아이를 만났을 때의 바로 그 감정으로 내 아이를 바라보고자 합니다. 살아가며 맞이하는 많은 순간들을 모두 처음 겪는 내 아이를 따뜻하게 바라보고 싶습니다.

엄마 B: 마음챙김을 배운 후 행복해지고 싶어 하는 내 마음을 다시 한 번 깨달았습니다.

엄마 C: 내 자신을 돌보고, 내 마음을 챙긴다는 것이 그 무엇보다 중요하다는 것을 알았습니다. 매일매일 최선을 다해 살아가고 있는 대견한 나를 조금 더 사랑해주고 아껴줘야겠다고 느꼈습니다.

엄마 D: 마음으로 들었던 수업인 만큼, 배운 것을 오래 지속시킬 수 있도록 제 자신을 돌아보고 아끼고 사랑해주겠노라 다짐했습니다. 나를 바라보는 가치를 얻어 갑니다.

마음챙김은 그저 단단한 마음을 얻기 위한 유용한 기술로써의 가치를 넘어, 넓은 관용의 마음으로 세상을 바라보는 삶의 태도입니다. 그렇기에 마음챙김을 배운 부모들은 보통 이것을 하나의 양육 기술로써 일상생활에 적용하기보다는, 삶에서 오래 지속될 어떤 가치를 얻었다고 말합니다. 마음챙김은 부모에게 '균형감'을 제공합니다. 아이를 있는 그대로 바라볼 수 있는 눈과 부모 자신을 따뜻하게 돌볼 수 있도록, 즉, 부모라는 삶과 개인의 삶의 균형을 적절히 유지할 수 있도록 돕습니다. 그렇기에 마음챙김을 배운 부모들은 자녀를 초심자의 마음으로 바라볼 수 있는 가치를 얻었을 뿐만 아니라, 자신을 사랑하게 되었노라 말하게 되는 것이지요.

마음챙김은 내적 경험에 대한 자각뿐만 아니라 거기에 '사랑'이 더해질 수 있도록 안내합니다. 사랑이 더해지면, 아이와 부모 모두에게 필요한 것에 귀를 기울이게 되고, 그것을 적절히 제공할 수 있게 됩니다. 그리고 필요한 것을 내어줄 때 큰 변화가 일어납니다. 즉, 부모와 아이 사이의 미움, 고립, 분노가 연결, 이해, 친절로 변화하게 됩니다. 아마도 이러한 점이 아이들뿐만 아니라 최근 부모 교육이나 상담 현장에서 '마음챙김의 육아', '마음챙김 부모'를 주제로 교육이 이루어지고 있는 이유라고 볼 수도 있습니다. 기술과 행동의 수정만으로는 부모와 아이 관계의 변화가 오래 지속될 수 없다는 많은 연구 결과가 있습니다. 오히려 부모 마음의 태도가 변화했을 때, 양육 태도와 질이 변화할 뿐만 아니라 아이러니하게도 그동안 다루지 않았던 자녀의 문제 행동까지 줄어들고, 이 효과가 3-4년 이상 유지된다는 연구 결과들이 나오고 있습니다. 그렇기에 우리가 아이에게 단단한 마음, 평온한 마음을 길러주기 위해 채워야 할 첫 번째 단추는 바로, 부모의 마음챙김입니다.

또 하나 흥미로운 사실은 이 모든 건강한 삶의 태도와 마음 기술을 아이들에게 전하려는 이유는 실제로 많은 어른들이 마음챙김을 접하고 그 혜택을 실감했기 때문입니다. 하지만 그러한 혜택을 나누고자 아이들에게 진지하게 마음챙김을 가르치려 한다면 그것은 진정한 마음챙김이 아닙니다. 아이들의 마음챙김은 명상하는 의자 또는 명상을 가르치는 시간에 있지 않습니다. 간식을 먹을 때, 놀이터에서 놀 때, 숙제를 할 때, 선생님과 이야기를 나눌 때, 친구들과의 다툼으로 힘들어할 때 등 일상 속에 자연스럽게 머물고 있어야 합니다. 그렇기에 아이 혼자만이 아닌 부모와 함께, 아니 부모로부터 먼저 마음챙김이라는 삶의 태도가 시작되어야 합니다. 부모와 함께 식사를 할 때, 하루 중 있었던 소소한 이야기를 나눌 때, 숙제를 하지 못해 꾸중을 들을 때, 친구와의 싸움으로 마음 아파할 때 등 아이에게 벌어진 일상 속 문제를 부모가 어떤 눈빛과 어조로 대하는지를 통해 아이들은 삶을 대하는 태도를 배우게 됩니다. **부모는 아이에게 '무엇을 가르칠까'가 아닌, 아이에게 보여지는 자신의 삶을 '어떻게 가꾸어야 할까?'를 고민해야 합니다.** 마음챙김 기반 프로그램의 개척자인 존 카밧진John Kabat-Zinn은, 마음챙김의 태도로 아이를 양육할 때 우리가 가슴에 새겨야 할 중요한 가치를 다음과 같이 정리합니다.

첫째, 주도성입니다. 여기서 주도성은 아이가 자신의 내면에서 일어나는 일들을 스스로 인식하고 알아차릴 수 있는 능력을 말합니다. 아이든 어른이든 자신의 삶에서 중요하게 듣고, 새겨야 할 목소리는 바로 자기 내면의 목소리입니다. 아이가 영어 단어 시험을 망쳐서 속상해할 때, 옆에 있는 친구는 이렇게 말합니다. "내 생각에는 선생님이 일부러 어려운 문제만 낸 것 같아. 우리 선생님 이상해"라고 말이지요. 한편 선생님은 아이에게 이렇게 말합니다. "이번에 열심히 하지 않았구나. 한 번 더 시험 볼 기회를 줄 테니 열심히 해봐"라고 말이지요. 그런데 집에 가서 이 일을 말하자 부모님은 웃으면서 "괜찮아. 영어 단어 시험 같은 건 살면서 그렇게 중요하지 않아. 그냥 넘어가"라고 말이지요. 도대체 어떤 말이 진실일까요? 그리고 어떤 말이 속상한 아이 마음에 위로가 되고, 격려가 되는 말일까요? 아이는 선생님을 탓해야 할까요? 아니면 열심히 하지 않은 자신을 탓해야 할까요? 대수롭지 않게 웃어넘기는 부모님 말이 맞는 걸까요? 사실 아이들이 어른이 되어가는 과정에서 무엇이 내 삶에 도움이 되는지, 무엇이 보다 중요한 가치와 삶의 태도인지 스스로 확신을 갖기란 쉽지 않습니다. 그렇기에 누구의 말을 따를 것인가 판단하는 일보다는, 아이들이 진솔한 자기 내면의 목소리를 듣고 따르며 살 수 있도록 부모가 도와주어야 합니다. 이때 아이들은 비로소 자신의 목소리, 자신의 행동, 자신의 삶에 책임을 질 수 있게 됩니다.

둘째, 공감입니다. 이는 단순히 인지적 수준에서 자녀의 마음이나 행동을 이해하려는 것이 아닌, 온전히 자녀의 관점에서 보려는 노력을 의미합니다. 그렇기에 공감은 자녀에 대한 온전한 이해를 담고 있습니다. 우리 모두는 각자의 삶의 여정이 있습니다. 자녀가 겪는 일상의 문제들을 우리는 완벽히 그대로 겪을 수 없고, 감정 또한 온전히 느낄 수 없습니다. 자녀와 부모는 서로 다른 세대를 살고 있을 뿐더러, 지금 아이가 겪는 문제는 부모와 다른 시간과 공간, 사람들이 얽혀 있는 문제이기에 그 고통을 완벽히 이해하기란 불가능합니다. 그렇기에 부모가 자녀에게 하는 "네가 슬프구나. 네가 힘들어하는구나"라는 인지적 수준에서의 공감적 말은, 아이들의 마음에 와닿지 않습니다. 우리가 해야 하는 공감 안에는 '아이들 삶에 행복이 가득하길, 아이들 삶에서 고통은 조금이나마 덜어지길' 바라는 사랑과 친절이 담겨 있어야 합니다. 아이들이 삶에서 힘겨운 순간을 만날 때, 우리는 이렇게 말해줄 수 있어야 합니다. "너의 슬픔에 함께할게. 네가 힘겨운 순간, 엄마/아빠가 곁에 있단다"라고 말이지요. 그렇기에 공감은 "나는 너를 느껴"를 넘어 "내가 여기 너와 함께 있단다"라는 마음을 전달하는 삶의 태도입니다.

마지막으로 수용입니다. 아이 내면의 생각, 감정, 경험 등을 있는 그대로 받아들이고 환영하는 태도입니다. 어른이나 부모라는 탈을 쓰게 되면 아이의 작은 말이나 행동 하나하나를 검열하고 평가하게 됩니다. 그리고 옳은 행동, 좋은 행동을 가르쳐야 한다는 강박 하에 아이들에게 바르고 좋다고 평가되는 것들만 허용하게 됩니다. 이러한 양육 태도가 잘못되었다는 말은 아닙니다. 공동체 안에서 살아가야 하는 아이들에게 필요한 삶의 기술은 분명히 알려줘야 합니다. 하지만 빛이 있으면 어둠이 있듯 무언가를 배울 때도 균형이 필요합니다. 아이들 삶에 필요한 또 다른 균형은 바로 아이들 내면의 경험이 무엇이든, 부족하고 결함이 있고 동시에 힘겨운 것이라 할지라도, 이를 수용하는 태도 또한 마땅히 습득해야 할 것임을 깨닫는 일입니다. 그동안 아이들에게 슬픔, 분노, 서운함, 외로움 등과 같은 부정적 감정은 모두 빠르게 없애고 버려야 한다고 말하진 않았나요? 하지만 어느 누구도 삶에서 이러한 힘겨운 내적 경험을 겪지 않고 살아갈 수는 없다는 것은 자명한 진리입니다. 인간의 감정은 아무리 길어도 90초 정도만 유지된다고 합니다. 그런데 우리에게 힘겨운 마음이 찾아올 때, "왜? 무슨 일이야? 왜 그랬어? 어떻게 해야 했니? 자꾸 생각할수록 너만 힘드니까, 차라리 그 시간에 빨리 숙제나 해. 맛있는 것 먹고 잊어버려"라고 재촉하며 그 감정을 통제하려고만 하면, 결국 힘겨운 마음의 덩치는 더 커지기만 할 것입니다. 그리고 덩치가 커진 감정은 더욱 오래 지속되면서 아이들의 마음을 갉아먹게 되지요. 그렇기에 부모는 아이들의 내면에 슬픔이 머물 자리를 마련해주어야 합니다. 아이들이 충분히 슬퍼하고, 아파하고, 힘겨워할 수 있는 마음의 공간과 시간을 주어야 합니다. 이러한 말과 함께 말이지요. "엄마/아빠가 함께 있단다. 네 마음에 찾아온 슬픔이 충분히 머물고 갈 수 있도록 허락해줘. 잠시 머물다 보면, 구름처럼 슬픔도 서운함도 모두 지나간단다" 하고 말이지요.

14

아이들을 위한 마음챙김을 처음 접했을 때, 저의 가장 큰 고민은 '부모인 내 삶에는 어떻게 적용시킬 수 있을까'였습니다. 마음챙김 육아란 무엇일까 수없이 고민했던 날도 많았지요. 하지만, 이러한 고민 자체도 어리석은 일이라는 것을 알게 되었습니다. 왜냐하면 마음챙김'적'인 부모가 된다는 것이, 있는 그대로의 수용적인 태도의 부모가 아닌, 또 다른 부모가 되어야 한다는 부담으로 느껴졌기 때문이지요. '아이들에게 마음챙김을 어떻게 가르쳐줄까'가 아닌, '어떻게 해야 부모로서의 내 삶에 마음챙김의 태도가 스며들 수 있을까'라는 고민이 더욱 필요한 것이었습니다. 그렇기에 가장 중요한 것은 부모 자신이 양육 중에 겪게 되는 분주하고 혼란스럽고 힘겨운 마음으로부터 도망가지 않고, 있는 그대로의 자신을 바라보며 수용하고 돌보는 것이 우선되어야 한다는 것입니다. 부모가 고요한 마음을 유지하고 있다면 자녀와의 대화나 놀이 중에 굳이 애쓰지 않아도 따뜻하고 친절한 어조와 눈빛으로 전달되겠지요. 사실, 이 간단하고도 당연한 사실을 우리는 알면서도 애써 외면해왔던 것이 사실입니다. 그리고 자신의 냉담한 눈빛과 어조는 깨닫지 못한 채, 어떻게 해야 아이에게 도움이 되는 유익한 말과 행동을 전할 수 있을까 고민하며 '말'과 '행동' 자체를 배우고, 이를 기술로 익히고자 애써왔습니다. 이러한 부모의 노력은 머리에 양육의 정보와 기술을 가득 채웠으나, 가슴에 자녀(나아가 모든 아이들)를 향한 연민과 위로, 사랑은 부족하도록 만들었습니다. 그래서 부모인 우리는 여전히 권위적이고 지시적이며 때로는 분석적이고 냉담한 모습을 보일 때도 있습니다. 지혜로운 부모란, 머리의 지식과 가슴의 따뜻함이 균형을 이룰 수 있어야 합니다. 우리가 그동안 머리에 지식을 채우는 데 많은 시간과 에너지를 할애했다면, 이제는 가슴에 친절과 위로를 채워야 합니다. 그리고 그 친절과 위로의 첫 번째 대상은 아이가 아닌 부모 자신입니다.

비행기를 타면, 승무원은 "위급 상황 시에는 보호자 먼저 산소마스크를 착용한 후 아이의 착용을 도와주세요"라고 안내합니다. 부모가 자신의 힘겨운 마음을 돌보지 못하는데, 어떻게 작고 어린 자녀를 도와줄 수 있을까요? 부모 자신이 급류에 휩쓸려가는데, 어떻게 같이 휩쓸려가는 자녀를 구해줄 수 있을까요? 부모 자신의 마음을 먼저 평온하고 단단하게 하는 것이 우리 아이를 위한 마음챙김의 시작임을 꼭 기억하세요.

아침 일찍 아이를 깨우고, 등교 준비를 돕고, 출근을 하고, 퇴근 후 아이의 하루 일과를 물으며 숙제를 챙기고, 저녁 식사를 하고, 잠자리를 봐주는 일까지… 부모의 하루는 대부분 비슷할 것입니다. 무료함과 피로뿐인 이러한 일상을 조금은 다른 마음의 창으로 비추어보면 어떨까요? 어느 날은 아이가 일어날 때 하품하는 소리가 유난히 크게 들릴 때도 있을 거예요. 또 어느 날은 스스로 등교 준비를 한답시고 왔다 갔다 분주히 방을 오가는 아이를 볼 때면 '벌써 이렇게 컸구나' 하는 생각이 스쳐 지나가기도 합니다. 또 퇴근 후 아이의 숙제를 봐주면서 부모도 어렵게 느껴지는 문제에 아이와 함께 머리를 맞대고 끙끙 앓는, 아찔한 순간도 펼쳐지지요. 그리고 무엇보다 아이가 잠든 고요한 휴식의 순간, 참으로 행복한 그 순간… 오늘이 마치 부모로서의 첫날인 양 생각하면, 별 것 아니었던 것들이 새삼스레 감사와 즐거운 일들로 다가오게 됩니다. 이처럼 매일 똑같은 하루를 특별하게 만들어주는 것은 그저 마음, 관점의 변화입니다. 우리는 지루하기 짝이 없는, 그래서 마치 흥행에 실패할 거라 믿는 영화의 심드렁한 감독이 되어 부모로서의 자신의 삶을 들여다볼 것인지, 아니면 첫 영화를 찍는 설렘에 가득 차 이것저것 카메라에 모두 담고 싶어 하는 감독처럼 일상을 바라볼 것인지 선택할 수 있습니다.

그렇다면 마음챙김의 카메라로 나와 내 아이의 삶을 담아보면 어떨까요? 늘 똑같은 일상은 마치 흑백영화처럼 지루하고 무료했을 수도 있습니다. 하지만, 마음챙김의 카메라에 담긴 아이와 부모의 삶은 형형색색 찬란합니다. 햇빛 한 줌도 그 오묘한 색과 빛을 모두 담아 찬란히 빛나고 있습니다. 그 햇빛 아래 아이와 부모의 미소가 가득 담긴 인생의 한 장면을 상상해 보세요. 그저 상상이 아닌, 일상 속 마음챙김의 순간순간을 부모와 자녀가 함께 담아볼 수도 있습니다.

이를 위해 부모인 우리가 할 수 있는 것, 해야 할 일은 수용적이고 친절한 마음의 태도를 일상에서 아이들에게 자연스럽게 보여주는 것입니다. 사실 아이들과 함께할 수 있는 다양한 마음챙김 활동이나 놀이 등은 이미 많이 소개되어 있습니다. 그러나 아이도 부모도 너무나 바쁜 일상을 삽니다. 아침에 눈을 비비며 겨우 일어나, 허겁지겁 등교 준비를 하고, 각자의 일터나 교실에서 쉴 새 없이 일정을 소화하고, 저녁 식사 시간이 되어서야 겨우 얼굴을 마주하는 게 현실입니다(사실, 어떤 날은 잠든 아이의 얼굴만 봐야 할 때도 있습니다). 그렇기에 아래 소개하는 아이들과의 마음챙김 대화는 정말이지 시간과 공간, 준비물을 챙겨가며 전투적(온몸에 힘을 주어, 특별한 시간을 만들고자 하는 강한 의지가 담긴)으로 임하지 않아도 좋습니다. 어느 날 여유가 생겨 같이 아침이나 저녁을 먹게 되었을 때, 빠른 걸음으로 함께 등교를 할 때, 잠깐의 아이와의 전화 통화 시간 등 소소한 일상에서 짬짬이 아이와 마음챙김의 시간을 가질 수 있는 몇몇 대화들을 나눠보세요. 마음챙김의 태도가 아이들의 삶에 자연스럽게 스며들도록 말이지요.

함께 식사를 할 때

"엄마는 오늘따라 밥에서 고소한 맛이 느껴지는 것 같아. 너는 어떤 맛을 경험하고 있어?"

"이건 씹을 때마다 오도독 소리가 유난히 잘 들리는 것 같아. 너는 어떤 소리가 들리니?"

"너와 함께 밥을 먹는 이 시간이, 행복하게 느껴져."

"엄마는 식사를 빨리 마치고 다음 일을 해야 한다고 생각하니, 마음이 조급해지네."(좋든 싫든 모든 감정을 환영해주기)

아이의 숙제를 봐줄 때

"숙제하기 전에, 한두 번 깊게 호흡해 봐. 호흡에 차분히 집중하면 숙제를 하는 데 도움이 될 거야."

"숙제를 하는 동안, 잠깐 다른 생각이 들면, 다시 한 번 깊게 들숨, 날숨을 내쉬어봐. 왔다 갔다 하는 마음이 다시 숙제로 되돌아오게 도와줄 거야."

"그 문제가 어렵게 느껴졌구나. 그때 OO이의 몸과 마음은 어땠어? 괜찮아, 그저 마음일 뿐이야. 너 자신에게 친절하게 말해줘. 괜찮아, 다시 한 번 해보자."

"숙제 다 끝냈으면, 잠시 책을 덮고 눈을 감아봐. 그리고 이번 숙제를 통해 뭘 배웠는지 너 자신에게 물어봐. '너무 어려워서 힘들었어. 하지만 잘 견디고 해냈어'라는 목소리가 들릴 수도 있어. 무엇이든 괜찮단다."

함께 등교하고 있을 때

"우리 학교 가는 길에 새롭게 보이는 것들을 찾으면서 가 볼까? 엄마는 저기 새로운 간판이 보이네. 너는 어떤 새로운 것을 발견했어?"

"오랜만에 너랑 같이 가니, 가슴이 설레고 따뜻해지는 것 같아. 너의 마음은 어때?"

"마음이 급해지니 엄마도 너도 발걸음이 빨라진 것 같아. 우리 빠른 걸음으로 걸을 때마다 숨소리가 헉헉 들리네."

밤에 잠들기 전

(따뜻한 눈빛, 부드러운 어조, 손길과 함께) "엄마는 행

복하기를 바라. 그리고 네가 행복하기를 바라. 우리가 행복하기를 바라."

"우리 각자 오늘도 바쁘게 보낸 것 같아. 너와 함께 충분히 휴식을 취하는 이 시간이 엄마는 너무 좋아."

"오늘 하루를 잘 보낸 너 자신에게 뭐라고 말해주면 좋을까? 다른 사람의 말과 목소리가 아닌, 너의 목소리를 들어봐. 너 자신이 꼭 듣고 싶은 그 말은 뭐야?"

15

한계와 갈등 속에 마음챙김 적용하기

'마음챙김 양육Mindful Parenting' 프로그램에 참여한 한 어머니의 이야기가 떠오릅니다. '우리는 왜 이곳에 모였나, 무엇을 위해, 그리고 무엇을 얻고자 이곳에 있는가'라는 질문에 그분은 다음과 같은 대답을 해주셨습니다.

"저는 저의 아이가 너무 싫습니다. 그리고 서로 미워하는 이 마음이 너무나 오래되어 더 이상 가까워질 수 없는 지경에 이르렀어요. 사실 그동안 가까워지고자 노력도 많이 해봤어요. 상담도 심리치료도, 심지어 같이 정신과도 가보고 싸우고 화해하고 수많은 것들을 해도 더 이상 아무것도 나아지지 않았어요. 사실 이곳에 온 이유는, 아이랑 친해지기 위한 것은 아니에요. 그저 아이를 미워하는 마음이 조금이라도 줄어들었으면 하는 바람 때문이에요. 내가 내 아이를 미워하는 이 지옥 같은 마음에서 벗어나고 싶어요."

이같은 솔직한 고백에 그곳에 있는 많은 부모들의 눈시울이 붉어졌습니다. 그것은 그저, 한 어머니의 고백이 아닌 아이를 양육하는 모든 부모들이 한번쯤은 겪어봤을 듯한 마음이었기 때문이지요. 양육의 한가운데에서 홀로 무너진 듯한 그 마음 말이지요. 많은 부모들이 양육 과정에서 더 이상 감당할 수 없는 스트레스, 갈등과 한계를 겪곤 합니다. 그러나 중요한 것은 양육의 스트레스는 피할 수도 없고, 그 갈등과 한계를 부인하거나 저항할수록 아이와의 관계는 더 악화된다는 사실입니다. 결국 부모는 아이와의 일도, 자신의 삶도 그 무엇도 관리하기가 어려워집니다. 그리고 그러한 갈등과 한계 속에서 부모는 분노, 슬픔, 두려움, 불안, 죄책감, 낙담, 실패감, 수치심 등 다양하고도 강렬한 감정을 느낍니다. 이렇게 지쳐 쓰러질 것 같을 때 도움이 될 만한 마음챙김 활동이 있습니다.

부모는 자녀와의 관계에서 갈등, 한계를 피할 수는 없지만 그때 밀려드는 강렬한 감정과 충동을 어떻게 대할지는 결정할 수 있습니다. 파도 위 서핑을 즐기는 사람들을 본 적 있나요? 그들을 잘 살펴보면, 밀려드는 파도에 부드럽고 유연하게 자신의 몸을 맡긴 채, 파도의 리듬에 따라 몸을 움직입니다. 아이들과의 일상 중 벌어지는 수많은 갈등과 한계에 대처하는 방법도 이와 같습니다. 부모가 모두 통제하고 없앨 수 없다면, 할 수 있는 유일한 것은 수많은 감정이 파도처럼 밀려올 때 그저 편안해지기를 기다리는 것입니다. 이때 기다린다는 것은 마냥 내버려두거나 혹은 애써서 그 감정이 사라지기를 바라는 요행 같은 것이 아닙니다. 파도와 같이 밀물처럼 썰물처럼 왔다가 다시 사라지는 힘겨운 감정을 지각하고, 자제력을 잃지 않도록 호흡과 함께 그 감정에 머무는 것이지요. 이것이 바로 마음챙김에 있어서의 '수용'의 개념입니다. 아이의 감정을 수용하는 것뿐만 아니라, 부모 자신의 감정 또한 '수용적인 태도'로 바라보는 것이 필요합니다. 진정한 수용이란 자신의 감정이 무엇이든, 그 감정을 느끼도록 시간과 마음의 공간을 허락해주는 것입니다. 아이와의 문제로 인한 갈등과 한계로 부모에게 찾아온 힘든 감정이 있다면, 이를 허용해주세요. 잠시 그 감정이 파도처럼 밀려왔다 할지라도, 의연한 서퍼의 자세로 파도를 맞이하세요. 그리고 다시 썰물처럼 밀려나가는, 점점 작아지는 그 감정을 바라보며 부모로서의 자신 또한 그저 힘겨움을 느끼는 한 사람임을 인정하고, 스스로를 보다 친절하게 대해 주세요. 그리고 그러한 부모의 모습을 아이들이 본다면, 아마도 그 순간 아이들은 삶에서 가장 중요한 것을 배울 수 있을 거예요. 자신을 수용하고, 스스로에게 친절한 삶의 태도를 말이지요.

1. 편안한 자세로 앉아봅니다. 그리고 주의를 호흡으로 가져가, 그저 편안히 호흡의 리듬을 느껴봅니다.
2. 들숨, 날숨의 호흡과 함께 몸의 감각을 느끼며, 잠시 지금 이 순간의 편안함에 머물러봅니다.
3. 준비가 되었다면, 자녀와의 문제나 갈등, 또는 양육에서 한계가 느껴져 아이에게 소리를 질렀거나 아이 앞에서 크게 한숨을 쉬는 등 후회되는 말이나 행동을 했던 경험을 잠시 떠올려봅니다.
4. 아마도 그 상황이 너무나 어렵고 답답하게 느껴져 도망가고 싶어서 그랬을 수도 있습니다. 괜찮습니다. 누구나 양육을 하며 이러한 순간을 경험하기 때문입니다. 다만, 마음이 너무 힘들지 않은, 약간의 스트레스, 약간의 힘든 감정이 느껴

지는 장면을 떠올려보세요.

5. 아마도 그 사건을 떠올리는 것만으로도, 불편한 감정이 느껴질 수 있습니다. 만약 그렇다면 그 감정을 있는 그대로 느끼고, 수용해줍니다. 그리고 그 감정에 이름을 붙여보세요. "이건 화야", "이것이 좌절이구나", "이것은 슬픔이야. 그리고 이것은 모두 감정일 뿐이야" 하고 말이지요.
6. 감정에 이름을 붙이며 그 장면을 다시 떠올리는 순간 파도가 밀려오듯 그 감정이 최고조에 이를 수도 있습니다. 감정이 폭발하기 전 잠시 멈추어봅니다. 파도처럼 밀려드는 그 감정으로부터 도망가거나 싸우려 들기보다는, 그저 잠시 멈추어 호흡해 봅니다.
7. 파도의 밀물과 썰물처럼 호흡의 리듬을 느껴봅니다. 숨이 들어왔다 나갔다 하는 그 리듬에 맞추어 마치 서핑보드를 타듯 그 리듬에 머물러봅니다. 그 누구도 파도와 싸우려 하지 않습니다. 파도는 아무리 커도 시간이 지나면 다시 가라앉고, 다시 제자리로 돌아갑니다. 우리의 감정도 파도와 같지요.
8. 호흡은 당신의 평정심을 유지하는 서핑보드와 같습니다. 파도를 타기 위해 단단함과 균형감을 잘 유지해야 하듯, 아이와의 관계에서도 단단함, 유연성, 균형, 평정심을 배양하는

데 있어 호흡을 활용할 수 있습니다.

9. 우리는 모두 부모로서의 삶에서 지치고, 쓰러지며, 좌절하고, 갈등과 한계 속에서 자신을 비난하기도 합니다. 부모인 우리는 때때로 균형과 자제력을 잃고 아이에게 화를 내기도 합니다. 동시에 그런 자신의 모습을 돌이켜보며 자책하기도 하지요. 괜찮습니다. 우리 모두 그러니까요.
10. 부모로서 좌절하고 균형을 잃어 쓰러질 때마다 다시 일어나서 그저 파도를 타면 됩니다. 이 수행은 평생에 걸친 수행입니다. 파도가 멈추지 않는 한, 우리의 수행도 멈추지 않습니다.
11. 이제, 마음이 조금 편안하게 느껴진다면 자신에게 친절한 말과 손길을 건네주세요. 당신이 할 수 있는 한 최선을 다해, 사랑하는 아이를 위해 다했던 그 친절을 이제 자신에게 베풀어봅니다.
12. 감정의 파도가 진정되고 마음이 편안해졌다면, 양육에서 힘겨운 감정의 파도가 너울거려도 언제든 호흡이라는 서핑보드에 올라타 호흡의 리듬을 느끼며 유연함과 평정심으로 아이를 대할 수 있음을 가슴에 새겨봅니다.

부모가 마음챙김을 아이들의 삶에 깊이 새겨주고자 할 때, 잊지 말아야 할 것은 그 '목적'입니다. 마음챙김은 편안함, 고요함, 이완을 위한 활동이지만 그것이 전부는 아닙니다. 물론 마음챙김이 가져다주는 이차적인 부산물 중 하나인 '편안함, 고요함, 이완'은 아이들의 삶을 보다 행복하게 만들어주는 귀한 선물과도 같지요. 하지만 마음챙김은 결국 아이들의 삶이 괴롭고, 힘겹고, 격정적일 때 그 순간의 힘겨운 마음을 스스로 알아차리고 수용하도록 하는 삶의 태도라는 것을 잊지 말아야 합니다.

갈등 속 현명하고 자애로운 마음 키우기

1. 편안하게 앉아 들숨, 날숨의 안정적인 호흡과 함께 지금 여기에 잠시 머물러봅니다.
2. 지금 이 순간 느껴지는 호흡 또는 몸의 감각을 있는 그대로 느껴봅니다. 혹은 원한다면 당신 자신을 위한 친절한 문구("내가 편안하기를", "내가 행복하기를", "내 마음이 평온하기를")를 자신에게 들려줍니다. 그리고 그 문구에 주의를 기울이며 그 말들이 가슴에서 흘러나오도록 합니다.
3. 준비가 되었다면, 최근 아이와의 갈등으로 힘들고 어렵게 느껴지는 상황을 잠시 떠올려봅니다. 그리고 이때 몸의 감각, 느낌, 감정, 두려워하는 것들이 어떠하든 그것들을 저항하지 않고 있는 그대로 느끼며 잠시 머물러봅니다.
4. 특히 당신 몸 어디에서 이 갈등의 힘겨움이 느껴지는지 알아

차려 봅니다. 잠시 호흡과 함께 그 힘겨움에 머물며 이렇게 말해 봅니다. "이것은 그저 느낌일 뿐이야. 그저 감각일 뿐이야." 그 힘겨움으로부터 도망가거나, 저항하기보다 그 엉망진창인 것 같은 느낌을 허용해줍니다. 수용해줍니다.

5. 이제 잠시 당신을 아끼고, 있는 그대로를 인정하고 사랑해주며, 당신에게 아낌없는 지지와 격려를 보내주는 현명한 안내자, 어른, 존경하는 누군가와 함께 있다고 상상해 봅니다. 그리고 이 현명하고 자애로운 어른에게 아이와의 갈등이나 사건 속에서 당신이 진정 무엇을 배울 수 있는지, 무엇을 얻고자 하는지 함께 이야기 나누고 있다고 상상해 보세요.
6. 당신에게 일어난 일을 비난하거나 저항하는 것이 아닌 수용하고 있는 그대로 봐주는 현명하고 자애로운 어른의 눈으로 다시 한 번 그 상황을 천천히 지켜봅니다. 그리고 현명하고 자애로운 어른의 입장에서 무엇을 말하고자 하는지, 가슴을 열어 깊이 들어봅니다.
7. 이제 이 현명하고 자애로운 어른의 눈으로 아이와의 갈등을 다시 살펴봅니다. 만약, 당신이 그 상황에서 다시 한 번 선택할 수 있다면, 어떤 부분을 바꾸고 싶은가요?
8. 만약, 같은 상황이 갈등이 아닌, 오히려 새로운 감정과 기술을 개발하고, 아이와의 관계를 개선하기 위한 배움의 기회가

될 수 있다면, 어떻게 아이에게 말하고 행동할 수 있을까요? 이때 당신 말의 어조와 눈빛은 어떤가요?

9. 이제 일상에서 다시 찾아올 아이와의 갈등과 문제를 오히려 아이와 당신에게 있어 성장과 학습의 기회로 삼을 수 있을지 생각해 봅니다.

부모 자신의 문제가 목구멍까지 차 있을 때

아이들과의 마음챙김에서 가장 중요한 것은, 아이를 돌보는 이들의 자기돌봄입니다. 아이들의 보호자인 부모가 홍수로 인해 불어난 물에 휩쓸려 자신의 몸조차 돌보지 못하는 상황에서는 급류에 휩쓸려가는 내 아이를 구조해주지 못합니다. 이렇듯 부모 자신의 마음에 여유 공간을 만들고, 또 자신을 보다 부드럽고 친절하게 대해주지 못한다면, 계속해서 쌓이는 마음의 상처와 아픔이 목구멍까지 차오르게 될 것입니다. 그리고 아이의 사소한 행동이 기폭제가 되어, 너무나도 쉽게 짜증과 한숨, 비난을 아이에게 쏟아내게 됩니다. 그렇기에 가장 중요한 것은 부모의 마음에 여유 공간을 만드는 것입니다. 사실 아이들과의 전쟁 같은 일과 속에서 마음에 여유 공간을 만든다는 것은 쉽지 않습니다. 그러니 마음에 여유 공간을 만들어야 한다는 강박이나 목적에 의해 애를 쓰고 노력하기보다는 일상의 소소한 집안일이나 활동 속에서 작은 마음챙김의 태도를 갖는 것이 중요합니다. 가볍고 소소해야 매일 하게 되고, 매일 연습해야 습관처럼 삶에 더욱 깊이 스며들 수 있습니다. 설거지를 할 때 거품의 촉촉함과 향기, 물의 온도를 호기심을 갖고 열린 마음으로 관찰해 보세요. 주차를 할 때 들리는 경보음의 높낮이, 크기 등을 호기심을 갖고 들어보세요. 퇴근길 저녁의 어스름한 분위기와 선선한 바람, 길거리의 조명과 음악 소리와 같은 것들을 오늘 처음 만난 양 경험해 보세요. 세상을 처음 만난 어린아이처럼, 그렇게 내 마음의 창을 여유로움으로 채우세요. 일상의 익숙했던 것들조차 마음챙김의 태도로 대할 때, 마음속 분주하고 복잡했던 고민이나 문제들과 잠시 거리를 둘 수 있게 됩니다. 이렇게 부모 스스로 자신의 마음에 여유 공간을 만들어야 합니다. 또다시 자신의 문제가 목구멍까지 차게 되어도 괜찮습니다. 다시 우리는 마음속 여유 공간을 만들 수 있음을 기억하세요. 그리 어렵지도 않습니다. 지금 읽고 있는 책의 종이를 만지며 질감을 느껴보세요. 혹시 음악 소리가 들리나요? 잠시 음악에 주의를 기울여보세요. 부디 부모 마음에 고즈넉함과 여유로움이 채워질 공간을 허용해주세요.

부모의 마음에 가득 채워야 할 것 중 또 다른 하나는 바로 자신을 향한 친절입니다. 자신을 향한 친절은 어떻게 실천할 수 있을까요? 어렵게 생각하지 않아도 됩니다. 어떻게 자신에게 상처를 주는지를 생각해 보세요. 대부분은 '자신을 향한 말'로 쉽게 상처를 줍니다. 부모 교육이나 상담에서 만난 많은 부모들이 흔히 하는 자신을 향한 비난의 말은 바로 "저는 배워도 소용없어요"입니다. 부모 교육이나 상담에서 양육의 기술, 정보를 듣고 배웠지만 일상에서 아이에게 실천하지 못하고, 실천해 봐도 실패뿐인 것 같다며 금방 자신을 향해 비난의 말을 내뱉고는 합니다. 비단 이러한 상황에서만 자기 비난을 하는 것은 아닙니다. 아이에게 작은 문제가 생기면 부모는 "도대체 뭐가 문제지? 내가 문제인가? 나의 무엇이 문제일까? 내 탓이야"와 같은 생각을 끊임없이 하면서 자신의 문제로 연결시켜 생각하기 때문에, 해결되지 못한 부모의 문제는 자녀가 문제나 갈등을 일으킬 때마다 '지금-여기'로 소환되어 작은 문제를 더욱 크게 부각시키게 됩니다. 그럼 부모는 또다시 자기 내면의 비판의 목소리('내 탓이야', '나 때문이야')를 크게 키우면서 부모도 아이도 문제의 늪에서 빠져나올 수 없는 악순환을 겪게 되는 것입니다.

가정에서 아이가 스스로에게 "나는 멍청이야. 나는 못해"라는 말을 하고 있는 모습을 보게 된다면, 부모의 가슴은 철렁 내려앉겠지요. 아이가 내뱉은 그 날카로운 말 자체 때문만이 아니라, 그 말의 대상이 바로 자신을 향해 있다는 사실이 부모의 마음을 더욱 아프게 할 것입니다.

그런데 부모 자신은 어떨까요? "나는 부모 자격이 없어. 나는 아이에게 부족한 엄마/아빠야. 만약 우리 아이가 다른 가정, 부모를 만났더라면 더 잘 성장했을 텐데"라는, 누구나 한번쯤 뱉어봤을 법한 그 말들이 자신을 가장 상처주고 아프게 하고 있는 것입니다.

부모인 우리가 아이들에게 보여주고 가르쳐주어야 할 것은, 세상을 살아가며 아무리 부족하고 실수투성이에, 문제투성이인 자신을 마주하게 될지라도 스스로를 사랑해야 한다는 사실입니다. 그리고 자신을 사랑하는 일의 시작은 스스로를 향한 친절한 말 한마디라는 것을 기억하세요.

조금은 시간을 들여 해야 하는 실습을 한 가지 소개합니다. 부모가 자신을 향한 친절의 말, 친절의 문구를 발견하는 실습입니다. 한 번이 아닌, 여러 번에 걸쳐서 다음 장에서 소개하는 문구들을 읽어보길 바랍니다. 그렇게 일상을 살면서 어느 순간 부모 가슴에 스쳐 지나가는 자신을 향한 친절한 문구를 발견하게 될 수도 있습니다. 인생이라는 여정에서 마음이 흔들릴 때마다 자신을 향한 친절한 문구를 선물처럼 떠올리는 습관을 갖게 되기를 바랍니다.

부모 자신에게 들려주는 친절의 말

1. 편안하게 앉아 잠시 고요히 휴식할 수 있는 시간을 허용해 주세요. 아이를 돌보느라 지친 자신을 위해 잠깐의 휴식을 허락해주세요. 그리고 위로와 지지, 따뜻함을 자신에게 건넨다는 마음으로 가슴이나 위안이 되는 곳에 살포시 손을 올려놓습니다. 사랑하는 아이에게 따스한 손길을 건네듯, 자신에게도 따스한 손길을 건네봅니다.

2. 그 따스함을 느끼며 이제 당신을 미소 짓게 만드는 살아 있는 존재를 떠올려보세요. 어머니, 아버지, 친구, 동료, 혹은 존경하는 선생님, 사랑하는 아이나 반려동물일 수도 있습니다. 누구든 괜찮습니다. 그저 당신을 미소짓게 만드는 존재이면 됩니다.

3. 이제 당신을 미소 짓게 하는 그 존재와 함께 있는 장면을 떠올립니다. 마음의 눈으로 그 존재와 함께하는 장면을 생생히 떠올려봐도 좋습니다. 그리고 그 존재와 함께 머물 때의 그 느낌을 흠뻑 음미해 봅니다.

4. 이제 사랑하는 그 존재가 당신에게 사랑과 친절, 따뜻한 말을 속삭이듯 스스로에게 다음과 같은 말을 들려줍니다.

"내가 나를 친절하게 대하기를"
"내가 보다 평화롭게 살기를"
"내 마음이 평온하기를"
"내 마음의 미움, 분노로부터 자유롭기를"
"내가 자녀와 더 많은 연결됨을 느끼기를"
"내가 나를 있는 그대로 사랑하기를"
"내가 나의 무한한 가능성을 수용하기를"

5. 부모인 내가 들어야 하는, 그리고 들었어야 했던 그 말들을 사랑하는 사람이 나를 위해 부드럽게 속삭여주듯 당신 자신을 향해 들려줍니다. 원한다면, 당신이 다른 사람들에게서 들을 필요가 있는 말은 무엇인지 가슴에 묻고, 대답을

들어봅니다. 예를 들어 다음과 같은 말들일 수도 있습니다.

"너는 참 좋은 부모야."

"네가 부모로서 얼마나 많은 노력을 해왔는지 나는 알아."

"네가 부모로서 힘든 순간, 내가 옆에 있을게."

"너는 혼자가 아니야."

"있는 그대로의 너를 사랑해."

6. 마음을 열고, 어떤 말들이 당신에게 속삭여질 수 있는지, 어떤 말들이 당신 가슴에 다가올 수 있는지 기다립니다. 서두를 필요는 없습니다. 어떤 말을 들을 때 양육으로 상처받은 마음을 위로받고, 그 말을 들었을 때 용기내어 고마움을 전달할 수 있을지, 그 말이 무엇인지 천천히 시간을 내어 기다려봅니다. 그리고 그 발견한 마음의 말들을 한 번 적어봅니다.

7. 만약, 발견한 마음의 말들이 있다면 그것을 부모 자신을 위한 바람으로 다시 적어볼 수도 있습니다.
"너는 참 좋은 부모야"라는 말은 "나의 부모로서의 좋은 면과 함께할 수 있기를"이라고 말이지요.

또 "네가 부모로서 얼마나 많은 노력을 해왔는지 나는 알아"라는 말은 "내가 부모로서 노력한 모습을 있는 그대로 인정해주기를", "네가 부모로서 힘든 순간, 내가 옆에 있을게", "너는 혼자가 아니야"라는 말은 "내가 나 자신과 함께할 수 있기를", "있는 그대로의 너를 사랑해"는 "있는 그대로의 너를 사랑할 수 있기를"이라는 바람으로 다시 적어볼 수 있습니다.

8. 이렇게 적은 마음의 바람을 2-3가지 정도 선택해 봅니다. 그 말들, 그 문구들은 당신이 자신에게 주는 선물과도 같습니다. 눈을 감고 사랑하는 아이의 귓가에 사랑을 속삭이듯, 이제 자신에게 그 문구를 반복해서 들려줍니다.

9. 머리와 입에서 하는 말이 아닌, 가슴과 내면에서 그 말들이 흘러나와 당신을 사랑과 친절로 흠뻑 채워지도록 합니다.

10. 그리고 그 친절과 사랑의 말들 속에서 당신 자신을 따스히 쉬게 합니다.

아이의 문제에 화내지 않고 지혜롭게 대처해야 할 때

제가 마음챙김 지도자 수행이나 교육 등을 위해 자주 출장을 다녔던 때가 있습니다. 그 당시 7살이었던 아이는 또다시 짐을 챙기는 엄마를 보며, 어디를 가는지 물었습니다. 저는 가볍게 일주일 동안 공부를 하고 온다고 답했는데, 아이가 갑자기 씨익 웃더니 하는 말이 "아, 그 착해지는 공부?" 하고 묻는 것이었습니다. 저는 당황한 나머지 그게 무슨 뜻이냐고 물었습니다. 아이는 사실 그때까지 제가 어떤 일을 하는 사람인지, 어떤 공부를 하는지 잘 몰랐습니다. 하지만 아이 나름의 몸과 마음을 통해 출장을 다녀온 엄마의 변화를 느꼈나 봅니다. 엄마가 일주일간 어떤 공부를 하고 돌아오면 갑자기 착해지고, 친절해지는 듯한 느낌을 받은 것이지요.

사실 아이들과 함께하는 부모의 삶이란 자신의 화를 마주하고, 그 화와 싸우는 시간의 연속이라 해도 과언이 아닙니다. 부모가 아닐 때는, 다른 사람들의 아이를 대할 때는 참으로 너그럽고 자애로운 어른인데, 어찌된 일인지 내 아이와 관련된 일에는 왜 그리 쉽게 화가 치밀고 독한 말을 서슴지 않고 내뱉게 되는지… 정말 부모가 된다는 것은 내 안의 괴물을 만나는 일이라는 것을 예전에는 미처 몰랐습니다. 그 괴물을 잠재우며 현명하고 지혜로운 부모가 될 수는 없을까요? 마음챙김과 친절의 태도는 어떻게 부모의 삶에 적용할 수 있을까요? 마음챙김 수행을 위해 지금 당장 일주일씩 짐을 싸들고 집을 떠날 수는 없지만, 우리를 화나게 하고 힘들게 하는 일과 상황 속에서 자제력을 잃지 않고 건설적으로 아이에게 반응하는 방법을 배울 수는 있습니다.

아이와의 문제로 인해 지금 이 순간 내면의 괴물과 싸우고 있는 부모들이 그 문제를 보다 지혜롭고 단호하게 대처하기 위해 가장 먼저 해야할 일은 '마음의 평정심'을 찾는 것입니다. 평정심은 아이의 문제와 불편한 감정에 휘둘리지 않고, 부모의 마음을 단단하게 붙잡아줄 안전끈과 같은 것입니다. 부모 마음에 먼저 평정심이 찾아올 때, 보다 넓은 조망으로 아이의 문제를 선명하게 볼 수 있습니다. 부모의 마음이 어지럽고 자신의 문제와 불편한 감정으로 가득 차 있을 때에는 아이의 문제가 제대로 보이지 않지요. 실은 아이의 문제라 이름 붙여진 부모 자신의 실망, 죄책감, 희망 없음, 분노가 마음 안에 자리를 잡고 있는 것일지도 모릅니다. 그렇기에 먼저 부모가 마음에 공간을 만들게 되면, 그 넓은 공간에서 자녀의 문제가 정돈되어 더 선명하게 보이게 됩니다. 그 다음에서야 우리는 그동안 수없이 듣고 배우고 익혀왔던 현명한 부모로서의 질문과 대처 방법, 양육 방법을 아이들에게 선택하여 적용할 수 있게 되는 것이지요. 여기 마음에 평정심을 불러일으키는 방법을 연습해 볼 수 있는 마음 챙김 활동을 소개합니다.

들숨은 나를 위해, 날숨은 아이를 위해

들숨에 나에게 필요한 무언가를 들이마신다는 생각으로 숨을 들이마셔 보세요.

날숨에는 아이를 위해 좋은 것을 내어준다 상상하며 숨을 내쉬어보세요.

다시 한번, 들숨에는 나를 위해 친절을 가득 채운다 상상하고, 날숨에는 아이를 위해 친절을 내보낸다 상상하며 숨을 들이마시고 내쉬어보세요.

나를 위해 들숨,
아이를 위해 날숨,
나를 위해서 들이쉬고(들숨),
아이를 위해서 내쉬어보세요(날숨).

만약, 이때 아이와의 갈등이나 힘겨움이 몸에서 느껴진다면, "이것이 힘든 거구나"라고 나 자신에게 부드럽게 말해 봅니다.

"아, 이게 힘든 거구나. 그런데 나뿐만 아니라 다른 부모들도 이런 상황에서는 비슷하게 느껴. 나만 이렇게 힘든 게 아니야"라고 부드럽게 말을 건넵니다.

"지금 이 순간 나에게, 내 마음이 친절해지기를, 내가 편안하기를…" 부모인 나 자신에게 필요한 말을 들려주세요.

최근 국내외 수많은 아동 전문가, 교육학자, 심리학자, 뇌과학자, 발달전문가 등이 아이들에게 마음챙김을 권하고 있습니다. 아마도 마음챙김이 아이들에게 주는 수많은 혜택들 덕분이겠지요. 하지만 마음챙김은 그저 이완과 주의력 증진을 위한 묘책이나 기술이 아닙니다. 마음챙김은 아이, 그리고 아이를 돌보는 모든 어른들에게 우리가 사는 동안 가슴 깊이 새겨야 할 삶의 태도가 무엇인지를 말해줍니다. 마음챙김이 누군가의 가슴에는 호기심 어린 열린 마음을, 또 누군가의 가슴에는 용기, 지혜, 친절을 심어주었을 수도 있습니다. 어떤 이름이든 마음챙김이 아이들 내면의 자원으로써 자라나게 하기 위해, 이제 아이들과 함께 일상에서 마음챙김을 실천해 볼 것을 권합니다.

마음챙김의 여정을 떠나는 모든 아이들의 삶에 "꽃피지 않는 순간마저 아름답다"라고 말해주세요. 일상생활에서의 마음챙김 대화, 놀이, 수행들이 차곡차곡 쌓여 아마도 우리 아이들은 보다 단단한 마음을 가진 사람으로 자라게 될 것입니다.

우리 아이 마음챙김

1판 1쇄 발행 2024년 7월 1일

지은이 정하나
발행인 오영진 김진갑
발행처 (주)심야책방

책임편집 유인경
기획편집 박수진 박민희 박은화
디자인팀 안윤민 김현주 강재준
마케팅 박시현 박준서 김예은 김수연 김승겸
경영지원 이혜선

출판등록 2006년 1월 11일 제313-2006-15호
주소 서울시 마포구 월드컵북로5가길 12 서교빌딩 2층
독자 문의 midnightbookstore@naver.com
전화 02-332-3310 **팩스** 02-332-7741
블로그 blog.naver.com/midnightbookstore
페이스북 www.facebook.com/tornadobook

ISBN 979-11-5873-306-3 (03590)